知識**ゼロ**でも
楽しく読める！

物理のしくみ

東京理科大学
理学部物理学科教授
川村康文 監修

西東社

はじめに

　本書を手に取られたみなさまの中には、「物理」というものに興味はあっても「でも、物理ってむずかしいよね…」「学生時代に挫折した…」「自分は文系だし無理かな…」などと思われている方が多いのではないでしょうか。

　「物理学」はむずかしい学問だと思われがちですが、実は、物理を知ることに理系も文系もありません。物理の本質を理解することは、むずかしい数式にこだわらなくてもできるのです。ですので、本書は物理を苦手だと感じておられる方々や、自分を「文系」だと思われている方々にこそ、ぜひ読んでいただきたいと考えています。

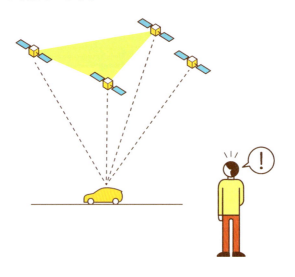

時代は令和となりました。この時代は、すでに高度に発展した科学技術社会・情報化社会です。心豊かな人生を送るためには、これらの科学技術について知っておく必要もありますよね。PCやスマホを活用する上での情報通信の技術、今後発展する自動運転のための自動車に関する技術、健康や美容に関する医薬品のこと……など。分野は多方面にわたりますが、これらの技術を知る入り口としても、この物理の本はお役に立てるものと思います。

　本書では、多くの読者のみなさまに「物理」を知るきっかけとしていただきたく、なるべく平易な文章で、むずかしい数式も極力使わずに、物理のエッセンスを紹介しています。やわらかいイラストを使って図解でも見せているので、イラストや図を見ているだけでも楽しめる内容です。

　人生100年の時代です。これからの人生を楽しく豊かに生きるために、ぜひ、この本で「物理の学び直し」をしてみませんか。日々、忙しいのは承知の上ですが、通勤電車の中、バスを待つ間などのすき間時間で、物理の楽しさを味わっていただけたらと思います。

　ぜひ、この本を手に、楽しく、心豊かに生きる時間を手にしてください。

東京理科大学
理学部物理学科教授　川村康文

もくじ

1章 身近な疑問と物理のしくみ …… 9▼74

1 電車でジャンプしてもなぜ後ろへ着地しない？ ………… 10
2 なぜジェットコースターで人は振り落とされない？ ……… 12
<u>選んで物理学❶</u> 昇りのエレベーターでは体重は重くなる？ 軽くなる？ …… 14
3 なぜ人は宇宙に放り出されないのか？ ………………… 16
4 人工衛星はなぜ地球の周りを飛び続けるの？ ………… 18
5 どうして飛行機は空を飛べるのか？ …………………… 20
6 なぜ鉄のカタマリである船が水に浮かぶの？ ………… 22
●空想科学特集 1 「世界最大の船」は、どこまで大きくできる？ ……… 24
7 なぜスキージャンプは死なずに着地できるの？ ……… 26
8 コップから盛り上がった水はなぜこぼれない？ ……… 28
●空想科学特集 2 人間は水の上を走れるか？ …………………… 30
9 最速のボートのこぎ方は？ ……………… 32
10 川はどうして真ん中ほど流れが速いのか？ … 34
11 変化球はどうして曲がるのか？ ……………… 36
12 アーチ形の橋はなぜ折れないのか？ ……… 38
●空想科学特集 3 日本とアメリカをつなぐ橋は造れるか？ … 40
13 ロケットはどうやって宇宙まで飛んでいくの？ ………… 42
14 ヘリコプターが空を飛ぶしくみは？ ……………………… 46
●空想科学特集 4 プロペラをつけて自分だけで空を飛びたい！ ……… 48
15 飛行機に乗っていて耳が痛くなるのはなぜ？ ………… 50

16	潜水病ってどういうもの？ どうして起こるの？	52
選んで物理学❷	人間は深海200mまで素もぐりすることができる？	54
17	なぜ氷の上はすべりやすくなるのか？	56
18	フィギュアスケート選手はなぜ高速で回れるの？	58
19	なぜポンプを使うと水が上に吸い上げられる？	60
20	汁椀のふたが開けにくくなるのはなぜ？	62
21	普通の靴よりヒールで踏まれる方がなぜ痛い？	64
22	どうして電柱の中は空洞になっているのか？	66
23	天気が悪いと現れる… 雷ってどんなしくみ？	68
24	雲はどうして浮かんでいるのか？	70
選んで物理学❸	鉄球とゴルフボールを同時に落とすと、どっちが速い？	72
物理の偉人❶	アイザック・ニュートン	74

2章 まだまだ広がる 物理のあれこれ … 75▼152

25	双眼鏡はどうして遠くのものが見えるの？	76
26	望遠鏡はどのくらい遠くまで見えるの？	78
選んで物理学❹	技術さえ進めば、宇宙は200億光年先でも見える？	80
27	どうして地球は回っているのか？	82
28	地球はどうして宇宙に浮いているの？	84
29	ブラックホールとはどんな穴なのか…？	86
30	星までの距離ってどうやって測っているの？	88
空想科学特集5	太陽系外までの宇宙旅行は可能？ 不可能？	90
31	音はどれくらいの距離まで伝わるのか？	92

32 救急車のサイレン音はなぜだんだん変わる？ ………… 94
33 夜は遠くの音がよく聞こえる。これって、気のせい？ ………… 96
34 動物にだけ聞こえる？ 超音波ってどういうもの？ ………… 98
● 空想科学特集 6 糸電話はどのくらい長くすることができる？ ………… 100
35 鏡にモノが映るのはどういうしくみ？ ………… 102
36 まぼろしが見える？ 蜃気楼の正体とは？ ………… 104
37 当たり前にあるけれど光ってそもそも何？ ………… 106
38 虹って何？ どういうしくみで生まれるの？ ………… 108
39 空と海はどうして青いのか？ ………… 110
40 赤外線って何？ どんな性質のモノ？ ………… 112
41 日焼けの原因？ 紫外線ってどんな光？ ………… 114
42 X線検査ではどうして人体が透けて見える？ ………… 116
43 コピー機はどうしてコピーができるのか？ ………… 118
選んで物理学❺ 静電気で感電死することってあるの？ ………… 120
44 どうして電池から電気が生まれるのか？ ………… 122
45 発電所が作った電気は何分で家まで届く？ ………… 124
46 LEDは普通の電球とどこがちがう？ ………… 126
選んで物理学❻ 自転車発電で1日中こげばスマホは100％充電できる？ … 128
47 モーターって何なの？ なぜ電気を流すと動く？ ………… 130
48 磁石はどうして鉄をくっつけるのか？ ……… 132
選んで物理学❼ 北極で方位磁石のN極は
どこを向く？ ………… 134
49 発電所ではどうやって
発電しているの？ ………… 136
50 なぜガソリンを入れると
自動車が動くのだろう？ ……… 138

- ●空想科学特集 **7** 永久に動き続ける機械をつくることはできる? ……… 140
- **51** 体温計はどうやって体温を計測しているの? …………… 142
- **52** 冷蔵庫が冷えるのはどういうしくみ? ………………… 144
- 選んで物理学**8** モノは−1,000℃まで冷やせる? 冷やせない? ……… 146
- **53** 低気圧=天気が悪いのはどうして? …………………… 148
- **54** 台風って何? 普通の低気圧とちがう? ……………… 150
- 物理の偉人 **2** ガリレオ・ガリレイ …………………………… 152

3章 最新技術と物理の関係 153▼194

- **55** なぜ位置がわかるの? GPSのしくみ ………………… 154
- **56** すばる望遠鏡を超える? 超高性能望遠鏡の開発 ……… 156
- ●空想科学特集 **8** 突然、太陽がなくなったらどうなる? …………… 158
- **57** どうやって雨を降らせる? 人工降雨のしくみ ………… 160
- **58** 電気抵抗がゼロ? 超電導ケーブルのしくみ …………… 162
- **59** なぜ超高速で走れる? リニアモーターカー …………… 164
- **60** ガソリンなしで走る? 燃料電池自動車のしくみ ……… 166
- **61** ラジコンとどうちがう? ドローンの飛ぶしくみ ……… 168
- **62** 電気の力で空を飛べる? 電動航空機の開発 …………… 170
- **63** 光がなぜ電気になる? 太陽電池のしくみ ……………… 172
- **64** 4K、8K、有機EL…? 新世代テレビのしくみ ………… 174
- 選んで物理学**9** ダイビング中にスマホでメールってできる? ………… 176
- **65** 地上と宇宙をつなぐ道? 軌道エレベーターの研究 …… 178
- **66** 何日くらいで行ける? 火星への宇宙旅行 ……………… 180

● 空想科学特集 **9** ワープは果たして実現できるのか？ ……………… 182
67 無線で充電ができる？ ワイヤレス給電のしくみ ………… 184
68 どうして温められる？ 電子レンジとマイクロ波 …………… 186
69 どうやって加熱してる？ 火を使わない電磁調理器 ………… 188
70 なぜ焦げ目までつく？ 過熱水蒸気式のオーブン ………… 190
選んで物理学⑩ 同じ気温で熱く感じるのはどっち？ … 192
物理の偉人 3 マイケル・ファラデー … 194

4章 明日話したくなる 物理の話 …………… 195 ▼ 215

71 アインシュタインの相対性理論って何？ ① ……………… 196
72 アインシュタインの相対性理論って何？ ② ……………… 198
73 宇宙の始まりはどこまでわかっている？ ………………… 200
74 宇宙にある謎の存在？ ダークマターとは？ ……………… 202
75 宇宙はこれからどうなるのか？ …………………………… 204
76 原子よりも小さい？ 素粒子ってどんなモノ？ …………… 206
77 ミクロの世界の理論 量子論、量子力学って？ …………… 208
78 カオス理論ってどんな理論？ ……………………………… 210
79 日本がつくった元素ニホニウムって何？ ………………… 212
80 ノーベル物理学賞の日本人科学者たち …………………… 214

物理学15の大発見！ …………………………………… 216
さくいん …………………………………………………… 222

※本書の図解は原理をわかりやすく説明するため、単純化しています。

008

1章
身近な疑問と物理のしくみ

身のまわりに当たり前にあるモノや自然現象。
ふと立ち止まって考えると、
しくみがわからないものって多いですよね。
慣性の法則、引力・重力、浮力… など、
身のまわりの物理のしくみをのぞいてみましょう。

01 電車でジャンプしても なぜ後ろへ着地しない？

なるほど！ 「**慣性の法則**」にしたがって、人間も電車も**同じスピードで運動**を続けるから！

　走行中の電車でジャンプしたら、後ろへ着地するでしょうか。いいえ、やはり同じ場所に着地します。それはなぜでしょうか？

　物体が動くことを、物理の言葉で**「運動」**といいます。電車がまっすぐなレールの上を、同じ速度で運動しているとします。これを**「等速直線運動」**といいます。このとき、電車に乗っている人も、電車と一緒に等速直線運動をしているのです〔**図1**〕。等速直線運動している物体は、何らかの力を受けない限り、そのままの速度と向きで等速直線運動を続けます。この性質を**「慣性の法則」**といいます。

　このとき、電車にも人間にも**「慣性」**が働きます。慣性とは、物体が**止まっているものは止まり続け、動いているものは動き続ける性質のこと**〔**図2**〕。ですから、ジャンプしようと踏み切ったときでも、空中にいるときでも、着地したときでも、人は電車と一緒に電車の進む向きに等速直線運動を続けているのです。

　仮に、人を乗せたまま電車が急ブレーキをかけたとします。すると、人は前につんのめります。電車が急に減速しても、人は慣性の法則に基づいて等速直線運動を続けるからです。電車は止まろうとしますが、中の人は止まらずに進み続けようとするため、体が前に傾くのです。

人も電車と同じ 等速直線運動 をしている

▶電車と人は同じ運動をしている〔図1〕

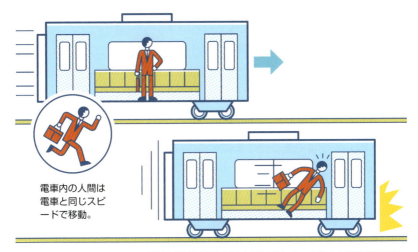

電車内の人間は電車と同じスピードで移動。

電車が等速直線運動をしているなら、中の人も等速直線運動をしている。そのため、電車が急ブレーキをかけると、人だけ等速直線運動が続くので、前につんのめってしまう。

▶「慣性」の性質〔図2〕

物体は力を受けなければ止まり続け、ひとたび力を受けると、ほかから力を受けない限りは、等速直線運動を続ける。

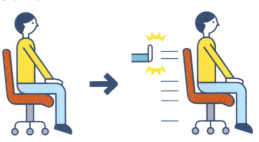

力を受けなければ静止し続ける。

力を受ければ、ほかから力を受けない限り、運動を続ける。

02 なぜジェットコースターで人は振り落とされない？

なるほど! ジェットコースターにはたらく**遠心力**で人が**シートに押しつけられる**から！

　ジェットコースターでは、人は真っ逆さまになりますが、落ちませんね。これはどうしてなのでしょうか？　ベルトをしているから？

　ベルトだけで真っ逆さまになるのは、さすがに危険です。落ちない理由は、ジェットコースターには**「遠心力」**がはたらいていて、この遠心力が、重力より大きいためなのです。

　回転している物体には、円の中心から遠ざかる向きに、力がはたらきます。これが「遠心力」です。遠心力は、水の入ったバケツをグルグル回すと実感できます〔**図1**〕。このとき、水は真上に来ても落ちません。これは、水に回転の中心（ここでは肩）から遠ざかろうとする「遠心力」がはたらき、水がバケツの底に押しつけられるからなのです。

　回転しているジェットコースターの場合も、ジェットコースターはバケツの水と同じように、回転の中心から外へ向けて飛び出そうとします。しかしレールがあるため、飛び出すことはありません。そのため、人はジェットコースターのシートに押しつけられるのです。

　遠心力は、**回転する速度の2乗に比例し、回転半径の長さに反比例**します（**図2**の数式）。つまり、回転する速度が速いほど、そして小さく回るほど、遠心力は大きくなるということです。

回転する物体には遠心力がはたらく

▶バケツと遠心力〔図1〕

遠心力は、回転の中心から遠ざかろうとする力のこと。遠心力でバケツの水はこぼれない。

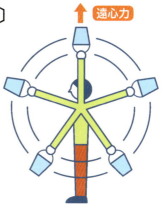

▶ジェットコースターのしくみ〔図2〕

$$m \times \frac{v^2}{r} = 約3,900 > m \times g = 約500$$

遠心力　　　　　　　重力

m = 人の質量(50kg)
g = 重力加速度(9.8m/s²)
v = 速さ(28m/s)
r = ループの半径(10m)

走行中のジェットコースターには重力より大きな遠心力がはたらくため、逆さになっても落ちない。

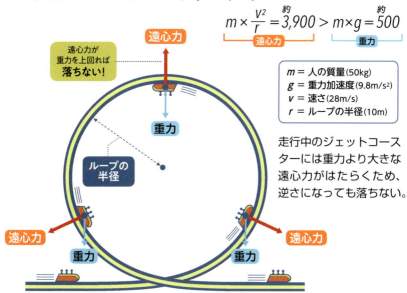

013　身近な疑問と物理のしくみ　1章

もっと知りたい！
選んで物理学 ①

Q 昇りのエレベーターでは体重は重くなる？ 軽くなる？

重くなる　or　変わらない　or　軽くなる

エレベーターに乗っていると、浮遊感や体が重く感じることがありますよね。そこで実験です。エレベーターの中に体重計を置き、その上に乗ります。この後、体重計に乗ったままエレベーターが上昇すると、体重はどう変わるでしょうか？

　電車の中に立っていて、電車が急発進したとき、体が進行方向とは逆に傾いてしまった経験はありませんか？　これは、外から力が加わったとき、**慣性の法則**（➡P10）に基づいて、力を受けた物体が、元の場所に踏みとどまろうとするからです。電車は前に進みますが、中の人は前に行かずに踏みとどまろうとする力がはたらく

ため、後ろへ傾くのです。これを**「慣性力」**といいます。

　さて、電車が横に動くのに対して、エレベーターは縦に動きます。エレベーターが上へ向かって動き出したとき、中の人やモノには慣性力がはたらきます。その結果、体重計は下へ押しつけられることになります〔下図〕。

▶ エレベーターの動きと慣性力

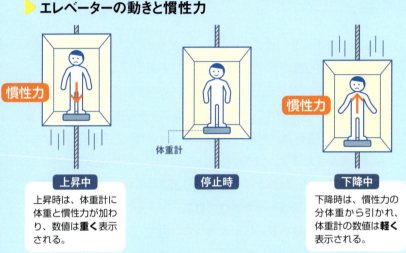

上昇中
上昇時は、体重計に体重と慣性力が加わり、数値は**重く**表示される。

停止時

下降中
下降時は、慣性力の分体重から引かれ、体重計の数値は**軽く**表示される。

　体重計が下に強く押しつけられれば、慣性力がかかる分、体重は「重くなる」ことになります。昇りのエレベーターでは、昇り始めに体重は重くなるのです。しばらくすると、エレベーターの加速は終わり、等速直線運動になります。このときも慣性がはたらくため、人は同じ速度で上へ行き続けようとします。すると体重計を押しつける力は停まっているときと同じになります。

　ちなみに、反対にエレベーターが下へ向かって動き始めるときには、体重は軽くなります。

03 なぜ人は宇宙に放り出されないのか?

地球にいる人は**遠心力**と**引力**を受けていて、「**引力**」の方が、「**遠心力**」よりも大きいから!

　人は、地球の上に立っています。当たり前のことのようですが、なぜ宇宙に放り出されず、立っていられるのでしょうか?

　地球の自転は24時間で1回転。赤道の外周は約4万kmですから、赤道上での秒速は約460mにもなります。そして、回転している物体には、「**遠心力**」がはたらきます（→P12）。**回転の中心から外側へ向かう力です。**つまり地球上に立っている私たちが、遠心力だけを受ければ、地球から宇宙へ放り出されてしまうのです。ところがそうはなりません。それは「**引力**」があるからです。

　すべての物体は、互いに引き合う力（引力）を及ぼし合っています。地球と地球上の物体も、互いに引っ張り合っているのです。地球の重さは約6,000,000,000兆トンもあり、私たちを強く引っ張ってくれます。しかし遠心力は引力の300分の1しかないので、人は宇宙に放り出されないのです〔**図1**〕。

　物体が地球から受ける引力と遠心力を合わせた力を「**重力**」と呼びます。重力を受け、物体は一定の加速度で落下します。これを「**重力加速度**」といい、「**G**」と表します。重力の大きさは加速度の大きさで表され、Gの値は約9.8m/s²。この大きさの重力加速度を地球から受けているのです。

地球の「重力」はとても大きい

▶ 自転の遠心力より、引力の方が強い〔図1〕

地球が生み出す遠心力よりも、地球の中心へ向かって引かれる引力の方が勝るので、人間は宇宙に放り出されない。

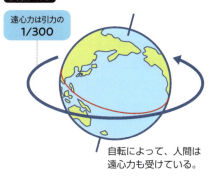

引力の力 — 地球の中心に人間を引っ張る力 — 地球の引力で人間は地球に引っ張られている。

自転の力 — 遠心力は引力の 1/300 — 自転によって、人間は遠心力も受けている。

自転による遠心力より引力の方が強い！

▶ もしも引力＜自転による遠心力となったら…〔図2〕

引力が弱くなるか、自転が速くなり遠心力が増すと…

もしも地球の引力より、地球の自転による遠心力の方が大きくなった場合、人間は宇宙に放り出されてしまう。

身近な疑問と物理のしくみ **1章**

04 人工衛星はなぜ地球の周りを飛び続けるの?

人工衛星は、**地球の重力に打ち勝ち、遠心力とつり合う速度**で飛んでいるから!

　惑星の周りを回る天体を衛星といいます。月は地球の衛星です。**人工衛星**とは、人間がロケットを使って地球上空まで運び、地球のまわりを衛星のように回らせている、人工物のことです〔図1〕。

　人工衛星は、地球の周りを飛び続け、落ちてきません。それは、落ちない速さで飛んでいるからです。つまり**落ちる前に地球を周回してしまう速さ**なのです。

　空気抵抗を無視して、地球上でボールを投げたとします。勢いよくボールを投げれば遠くまで飛びますが、**重力**の影響でやがて落ちます。もし十分な勢いがあれば、ボールは落下する前に地球を一周するでしょう〔図2〕。これが人工衛星の原理です。

　また、人工衛星にも遠心力（➡P12）がはたらきます。これは重力と逆向きの力となるのですが、人工衛星は、**重力と遠心力とがちょうどつり合った速度で飛ぶ**ことで、落ちてこないというしくみなのです。重力に打ち勝ち、地表面すれすれを落下せずに回り続ける速度は秒速7.9km以上。とんでもない速さですね。

　気象庁の気象衛星「ひまわり」は、常に日本上空の気象観測を行っている静止衛星です。地球と同じ自転の向きに24時間で一周するように飛ばしたため、常に同じ位置に静止しているように見えます。

秒速7.9km以上で飛べば衛星は落ちない

▶ 衛星は、惑星の周りを周回する〔図1〕

人工衛星は、地球の周りを周回している。ずっと日本を映し続ける静止衛星は、自転と同じ速度で回っている。

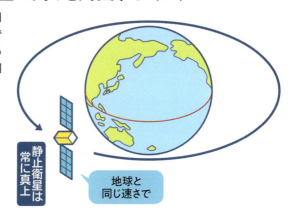

▶ ボールは重力に勝てば落ちない〔図2〕

空気抵抗がなく、秒速7.9km以上の速さでボールを投げれば、地球の重力に打ち勝ち、ボールは地球の上を回り続ける。

019　身近な疑問と物理のしくみ　1章

05 どうして飛行機は空を飛べるのか?

なるほど! 翼の形によって気圧差を生み出すことで揚力が起こり、飛行機を持ち上げるから!

　飛行機は、どうして飛べるのでしょうか? それは、空を飛ぶための特別な形の翼があり、その翼によって生まれる**「揚力」**が、落ちようとする**「重力」**を上回るため、飛べるのです。

　飛行機の翼の断面は、流線形です。飛行機が右へ向かって飛ぶ場合、右から空気の流れを受けることになります。すると空気は、翼の形の影響で上下に分かれて流れます。このとき、翼の上方と下方とで、空気の速度が変わるのです〔図1〕。

　空気の速度が速くなると、その周囲の気圧は低くなります。そして、**物体は圧力の高い方から圧力低い方へと押される性質**があります。ここでは気圧の高い翼の下方から、圧力の低い翼の上方へと機体は押し上げられます。これが機体を浮かす「揚力」となるのです。

　総重量約360トンもある大型機でも、翼の面積1cm²あたり70gの揚力があれば、左右それぞれ約260m²(テニスコート約1面分)の翼を持っているので、空を飛ぶことができます。

　ちなみにこの「揚力」は、テープに息を吹きかける簡単な実験で確かめられます〔図2〕。これは、口の方側の空気の流れが速くなったために圧力が下がり、相対的に圧力の高い胸側の空気が、紙テープを押し上げている、つまり、「揚力」が発生しているのです。

飛行機は気圧差による「揚力」で飛ぶ

▶飛行機の翼のしくみ〔図1〕

翼の上下を流れる空気の速さのちがいが揚力を生み、飛行機が浮き上がる。

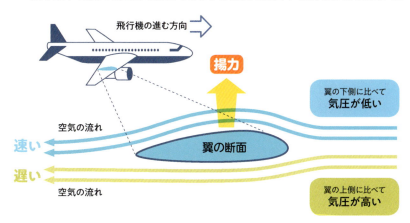

▶息で揚力を確かめる〔図2〕

口の下に紙テープをあてて息を吹くと、紙テープ上の方の空気が速く流れて圧力が弱まり、下の方の圧力によって紙テープが押し上げられる。

あごの部分で紙テープを押さえる。

そのまま息を吹くと揚力が発生し、紙テープが持ち上がる。

06 なぜ鉄のカタマリである船が水に浮かぶの?

水から受ける「浮力」>「船の重さ」となるよう重さ、大きさが調整されているから!

　小さなパチンコの玉も、大きな船も鉄でできています。材料は同じなのにパチンコ玉（鉄球）は水に沈み、船は水に浮くのはなぜでしょうか？　それは、**船の重さを浮力が上回る**からです。

　水の中にある物体は、水から上向きにはたらく力を受けます。この力を浮力といいます。浮力が物体の重さより大きければ、物体は水に浮き、小さければ水に沈みます。物体が水から受ける浮力の大きさは、次の通りです。

　浮力 ＝ 水に沈んでいる部分の体積と等しい水の重さ

　例えば、重さ8g重、体積が1㎤のパチンコ玉は、水に沈みます〔図1〕。玉の体積と等しい水の重さは1g重ですから、玉は水から1g重の浮力を受けます。パチンコ玉の重さはこれよりも重いため沈むのです。これに対し、体積1㎤の重さは0.7g重の木材の場合は浮力の1g重の方が上回りますので、木材は水に浮きます。

　船はパチンコ玉のように、中に鉄が詰まっているわけではありません。内側には多くの空間があります。そして**船の「水に沈んでいる部分」はその「体積と等しい水の重さ」の浮力を受けています**。つまり船は、水から受ける浮力が自分の重さよりも大きくなる大きさと重さで造られているので、水に浮かぶのです〔図2〕。

水中の物体は水から浮力を受ける

▶ パチンコ玉が水に沈むのは〔図1〕

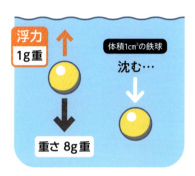

体積が1cm³のパチンコ玉の重さは約8g重。この鉄球が水から受ける浮力は1g重で、自重より小さいので水に沈む。

体積が1cm³の木材は、重さが0.7g重。水から受ける浮力は1g重。自重より浮力の方が大きいので水に浮く。

▶ 船が水に浮くのは〔図2〕

船は水から、受ける浮力が自分の重さより、大きくなるように造られている。

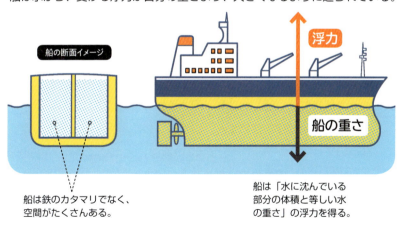

船は鉄のカタマリでなく、空間がたくさんある。

船は「水に沈んでいる部分の体積と等しい水の重さ」の浮力を得る。

身近な疑問と物理のしくみ　1章

空想科学特集 1

「世界最大の船」は、

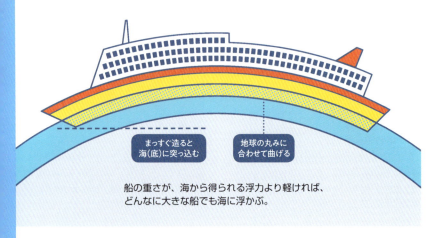

理論上、船はどこまでも大きくできる

まっすぐ造ると海(底)に突っ込む

地球の丸みに合わせて曲げる

船の重さが、海から得られる浮力より軽ければ、どんなに大きな船でも海に浮かぶ。

船の大きさに限界はありません。空間を十分に広く設計し、船がおしのけた水の重さよりも、船本体が軽くなるように造る(→**P22**)。そうすれば、どんなに大きくても、水に浮くのです。

ただし注意が必要です。地球は丸いので、地球の丸みに沿って船底も曲げて造る必要があります。うっかり船底をまっすぐ造れば、中央部は海底に接してしまうでしょう〔上図〕。もし地球に合わせた曲面の船底にすれば、地球を一周する船も造れるでしょう。しかしこのような船は存在しません。なぜこうした超巨大船を実際に造らないのでしょうか？

まず一つは、**壊れやすいため**です。日本近海の波の波長は、最大で150m程度といわれています。自然の波は不規則な形をとるため、

どこまで大きくできる？

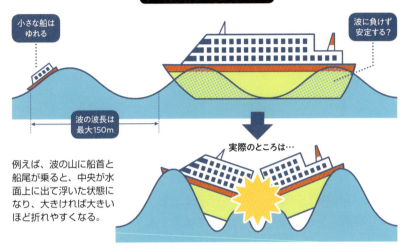

上図のように船体が浮いてしまって、船体がぽっきりと折れてしまうこともありえるのです。

次に、巨大すぎる船では、**補修が間に合わない**という点もあります。例えば船底にたくさんの貝が付着しても、かんたんには掃除できません。放置すれば船の速度は遅くなり、やがて沈むでしょう。

また、大きすぎても便利ではない、という点もあります。例えば、日本からアメリカまで届く船ができたとしても、結局人が移動するには、船上を走る車などが必要になりますよね。

実際の世界最大の船としては、**全長約458mのタンカー**がノルウェーにあったようです。このあたりが、実際に使うための船としての限界かもしれませんね。

07 なぜスキージャンプは死なずに着地できるの?

なるほど! スキージャンプは着地時に「**反作用**」が小さくなり、**衝撃が少なくなる**から!

　スキージャンプの踏切地点の高さは、ノーマルヒルでは66m、ラージヒルでは86mとされています。着地点の目安となるK点と踏切地点との高度差は約40～60mになります。選手は、これほどの高さから着地しているにもかかわらず、ケガをしません。それは、**着地面が斜面になっていることが関係**します。

　図1を見ながら、着地の衝撃を考えてみましょう。仮に真上から水平面に着地したとすると、着地面に及ぼす力（a）は、着地面から受ける力（a'）として、自分にほぼそのまま返ってくるので、大きな衝撃になります。着地面に及ぼす力を**「作用」**、着地面から受ける力を**「反作用」**といい、**作用と反作用は、等しくなります**。

　次に斜め上から飛んできて着地するとします。このとき、衝撃（a）は、着地面を垂直に押す力（b）と、前へ進む力（c）とに分解されます。bの反作用であるb'が、選手が着地面から受ける力なのですが、bとcとに分解された分、a'よりも小さい値になるのです。

　スキージャンプでは、着地面は斜めに設計されています。斜面に斜め上から着地するとaは垂直に押す力（b）と前に進む力（c）に分解され、斜面から受ける反作用（b'）はさらに小さい値になります〔図2〕。これがジャンプ選手がケガをしない理由です。

反作用が分散されて衝撃が小さくなる

▶着地面に及ぼす力は跳ね返ってくる〔図1〕

真上から水平面に落ちたときは衝撃は強く、斜めから落ちたときは衝撃は小さくなる。

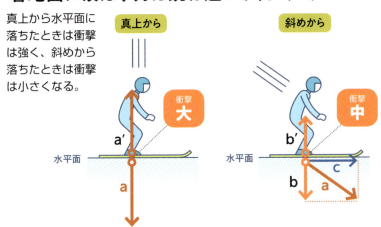

▶スキージャンプの着地のしくみ〔図2〕

40度の角度の斜面に、50度の角度で降りてきた場合、10度の角度で降りたことになります。

この場合、時速100kmでの着地は、

「$sin10° ≒ 0.17$」

と計算でき、約1.1mの高さから飛び降りたときの速さと同じ、時速17kmでの着地の衝撃と計算できます。

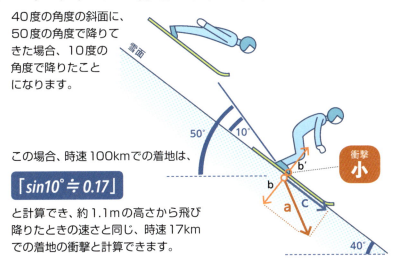

08 コップから盛り上がった水はなぜこぼれない？

なるほど! 分子同士が手を結ぶ**分子間力**により、「**界面張力**」がはたらいているから！

　コップの水があふれそうであふれない…。誰もが目にしたことのある現象だと思いますが、これはなぜなのでしょうか？

　水などの液体は自由に形を変えますが、テーブルにこぼれた水も、ちりぢりにはならず、ある程度まとまった水滴になったりしますね。**水には、ある程度まとまろうとする性質があります**。これは水の分子同士が、お互いバラバラにならないように引っ張り合う力＝**分子間力**をもっているからです。この分子間力は、水同士だけでなく、水とコップにも、水と空気にもはたらきます。分子間の引力で、その表面積をできるだけ小さくしようとする力を**「界面張力」**といい、液体に関する場合は**「表面張力」**とも呼びます。

　さて、コップの水に話を戻します。この場合、水は、空気とコップの両方から引っ張られている状態です。空気の表面張力はとても強いのですが、コップとの界面張力とつり合っている限りは、コップから水はこぼれないのです〔図1〕。

　また、水に対する界面張力の強い代表的なものがハスの葉です。ハスの葉には細かい凹凸があるため、水をはじき、水滴をつくります。細かい凹凸のため、水滴と接触する角度（**接触角**）が大きく、このため界面張力が大きくなり、水をはじきやすいのです〔図2〕。

細かい凹凸が界面張力の効果をアップ

▶水の界面張力 〔図1〕

水がコップのフチより盛り上がってもこぼれない。これは、水の表面で、水の分子同士が引っ張り合うため。

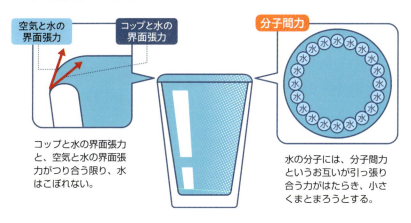

コップと水の界面張力と、空気と水の界面張力がつり合う限り、水はこぼれない。

水の分子には、分子間力というお互いが引っ張り合う力がはたらき、小さくまとまろうとする。

▶接触角について 〔図2〕

ガラスと水は接触角が小さくなるため、界面張力が弱い。一方、ハスの葉と水は接触角が大きくなるため、界面張力が強くなる。

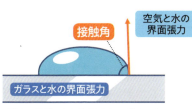

ガラスの板に水をたらすと、ガラスと水とは接触角が小さいため、水がまとまらず広がっていく。

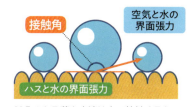

凹凸のある葉と水滴は点で接触するため、接触角度が大きくなり、水滴は表面張力で丸くなる。

空想科学特集 2

人間は水の上を走れるか?

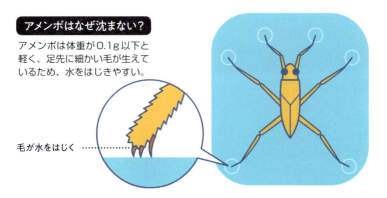

アメンボはなぜ沈まない?
アメンボは体重が0.1g以下と軽く、足先に細かい毛が生えているため、水をはじきやすい。

毛が水をはじく

　水上をさっそうと走ってみたい! さて、どのような方法が考えられるでしょうか?

　まずはアメンボを見てみましょう。アメンボは、水に沈むことなく、水面をスイスイと動きますよね。これはアメンボの足の先に細かい毛がたくさん生えていて、**水の表面張力**（➡P28）を破らないでいられるからです。このため、アメンボの足は、ハスの葉のような水をはじく力をもっているのです。

　では、人間が**撥水加工したスニーカー**をはいたらどうか? この場合、水の表面張力よりも、下向きに引っ張られる重力の方がはるかに大きいので、足は表面張力のガードを突き破ってしまいます。

　続いて、バシリスクというトカゲのなかま。このトカゲは、後ろ足を水面に叩きつけるように動かし、水上を猛スピードで走ります。このとき長い指の間の皮膚が広がり、足の下に**エアポケット**が生じ

水上を走る忍者トカゲ
バジリスクトカゲは体長70cm（尻尾を含む）、重さ約200g。時速6〜7kmで水の上を走る。

水面に足裏を叩きつける瞬間、足裏が広がり、エアポケットが生じて沈まない

エアポケット

人間が水上を走るためには？
バジリスクトカゲのように走るには、人間は時速100kmで走る必要がある！

ます。このため、体が水に沈むのが遅れます。その間にすばやく次の一歩を踏み出すことで、水面を4m以上走りぬけるのです。

　では、人間が、バシリスクのマネをしたら？　まず、バシリスクの後ろ足の大きさを模して、30cm程度のひれ付きシューズが必要になりますね。さらに、バシリスクは、尾まで含めて体長約70cm、体重は最大で200gです。バシリスクの時速は約5.4kmで、これを人間の成人男子の身長・体重に換算すると、**時速約104km**に相当します。陸上競技男子100mの世界記録は9秒58（時速約37.6km）ですから、その**2.8倍近い速さで走れればOK**ですね。

09 最速のボートのこぎ方は?

なるほど! ボートは**てこの原理**で進む。
支点と作用点の距離を長くして、全力でこぐ!

　速いボートのこぎ方を考えるために、まずは**てこの原理**を知っておきましょう〔**図1**〕。てこは棒を用いて小さい力で大きいものを動かすしくみですが、一般的なてこは**「第1種のてこ」**と呼ばれます。ボートの場合は、支点と作用点が逆になり、これは**「第2種のてこ」**。こいでいる本人も動いているので錯覚しやすいですが、止まっているのはオールの先で、ここが支点になるのです。

　てこの原理では、作用点と支点の間を短く、支点と力点の間を長くすれば、作用点にあるものを楽に動かせます。ですからボートを楽にこごうとすれば、力点と支点が長いボートがよいでしょう。しかしこれでは作用点と支点とが近すぎるため、1こぎで進める距離がとても小さく、スピードは著しく落ちてしまいます。

　そこで、ボートを1こぎで大きく前進させるために「楽にこごうとしない」と発想します。つまり**てこの原理を逆用**して、力点と支点を短く、支点と作用点との距離を大きくとるのです。1こぎに大きな力が必要ですが、その分大きく前進します〔**図2**〕。

　ボート競技では、こぎ手は体が大きく、上半身のたくましい選手ばかりです。速度を上げるため、日々大変なトレーニングを積んで、筋力を高めているのです。

ボートはてこの原理で動く

▶ ボートをこぐしくみは「第2種のてこ」〔図1〕

力点・支点・作用点の位置で、てこの効果が変わる。

第1種のてこ

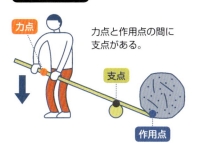

力点と作用点の間に支点がある。

第2種のてこ

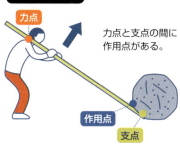

力点と支点の間に作用点がある。

▶ 力点・支点・作用点の位置と進み方の関係〔図2〕

支点と作用点が近い

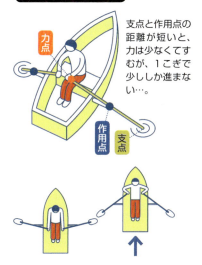

支点と作用点の距離が短いと、力は少なくてすむが、1こぎで少ししか進まない…。

支点と作用点が遠い

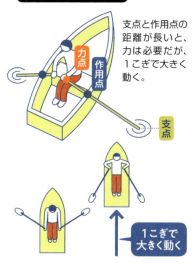

支点と作用点の距離が長いと、力は必要だが、1こぎで大きく動く。

10 川はどうして真ん中ほど流れが速いのか?

なるほど! 水にある「**粘性**」という性質が原因。場所により**摩擦がちがう**ため、真ん中ほど速くなる！

　川に木片などを投げ入れてみます。川の中央部はぐんぐん流れますが、岸に近いところはゆっくり流れ、ときにはよどみができることがあります。同じ川なのに、場所によって速さにちがいがあるのはなぜでしょうか。

　まずは、**水の分子構造**について考えてみましょう。水分子は、H_2Oという化学式で表されます。液体のH_2O分子は自由に運動できるため、周りに合わせて形を変えることができます〔図2〕。

　ところが完全に自由かというと、そうではありません。H_2O分子同士は、**「分子間力」**と呼ばれる弱い力で引き合っていて、隣の分子が動くと一緒につられて動くのです。これを**粘性**といいます。

　粘性とは、文字通り粘る性質で、水のようにさらさらした手ざわりの物質にも存在します。この粘性により、川の底、岸辺などの地面から摩擦が生じ、川の流速に影響が出るのです。

　川は、岸辺、つまり周辺部ほど浅くなります。周辺部の流水は、岸辺と川底から**摩擦**を受けることになるので、流れる速度が落ちます。速度の落ちた流水から影響を受けて、それに接している流水も遅くなります。こうして周辺部の流れはゆっくりになり、逆にその影響の少ない中央部ほど、速く流れるのです。

摩擦は浅いところほど大きい

▶ 中央部は速く、岸近くはゆっくり〔図1〕

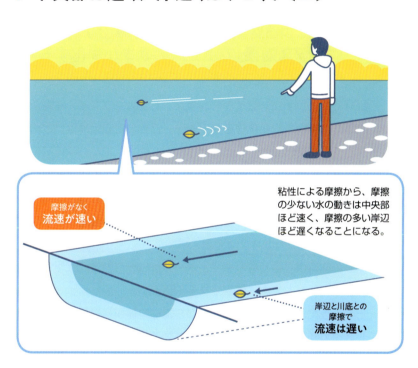

粘性による摩擦から、摩擦の少ない水の動きは中央部ほど速く、摩擦の多い岸辺ほど遅くなることになる。

摩擦がなく**流速が速い**

岸辺と川底との摩擦で**流速は遅い**

▶ 水の分子は隣の分子につられて動く〔図2〕

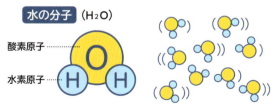

水の分子（H_2O）
酸素原子
水素原子

液体は分子が自由に動き回るが、分子間力で引き合い、周りにつられて動く粘性という性質がある。

11 変化球はどうして曲がるのか?

なるほど! 回転による**空気の圧力差**が生み出す「**マグヌス効果**」でボールの動きが変化する!

　野球では、投手がスライダー、シュート、カーブなど、左右上下に曲がるさまざまな変化球を使います。こうした変化球は、どのようなしくみで曲がるのでしょうか?

　投げられたボールは、飛行機が浮き上がるときにもはたらく「**揚力**」という力の影響を受けます（→P20）。

　例えばスライダーという種類の変化球は、指と手首でボールに水平方向の回転をかけます。すると、ボールの左側面を流れる空気が、右側面の空気より速くなります。ボールは右から左に向かって揚力の影響を受け、左方向へ曲がります〔**図1**〕。

　このように、空気中を回転しながら進む物体が、**進行方向と垂直の向きに力を受けることを「マグヌス効果」**といいます。野球投手の投げるさまざまな変化球は、このマグヌス効果を利用してボールの動きに変化をつけています。

　ボールは回転数が大きくなるとマグヌス効果は大きくなり、ボールの変化もその分だけ大きくなります。逆に、ボールの回転がまったくない、いわゆるナックルボールではマグヌス効果は発生せず、ボールの後ろに**空気の流れの渦**が生まれ、不規則に変化するようになります〔**図2**〕。

「マグヌス効果」を生み出すのは揚力

▶野球ボールの曲がるしくみ〔図1〕

投げるときに回転をかけることで揚力が発生し、ボールが曲がる。

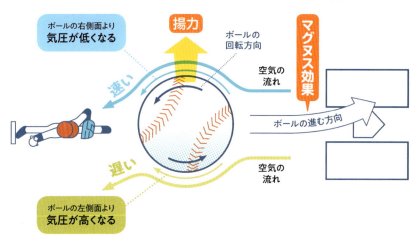

▶無回転のボールは不規則な変化を生む〔図2〕

無回転のボールは、後ろに不規則な空気の渦を形成する。この渦が原因でボールはふらふらと予測がつかない球筋になる。

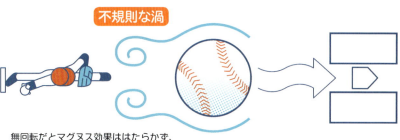

無回転だとマグヌス効果ははたらかず、ボールの後ろに不規則な渦が発生する。

12 アーチ形の橋はなぜ折れないのか?

なるほど! **台形の断面の石**が、お互いを支え合い、**作用**と**反作用**がはたらき合うから!

　橋は昔から造られていて、現代にも数多く残っています。その中の一つであるアーチ形の橋は、これといった支えがないように見えますが、1,000年以上もくずれないヒミツは何でしょうか〔**図1**〕。

　構成している石の一つひとつに注目すると、断面が台形であることがわかります。この台形がポイントです。石は重力で下へ落ちようとしますが、両脇の石も台形であるため、落ちようとする力が分散します。つまり、落ちようとする力、すなわち**重力が、両脇の石を押す力AとBに分解**されるのです〔**図2**〕。

　押すことを、物理の言葉で**「作用」**といい、押し返されることを**「反作用」**といいます。アーチ形の石橋では、1個の石が両脇の石を押すことで反作用を受けます。この反作用で自重を支えます。それぞれの石が両脇の石を押し合って、最終的に両脇の地面が石橋を支えます。石は反作用による圧縮力に強く、かんたんには変形しません。アーチ形の構造で石の重みが両端に伝わり、なおかつ石自体の重さで各パーツがはまって支え合い、安定するのです。

　アーチ形の橋の構造は、現代でも用いられています。例えばトンネルの形です。橋と同様、上からの重みを両脇へ逃がすことにより、崩れずにいられます。

両脇の石から反作用を受けて支えられる

▶ 1,000年くずれないアーチ形の橋〔図1〕

アーチ形の石橋は、支えらしい支えがないのに崩れ落ちない。

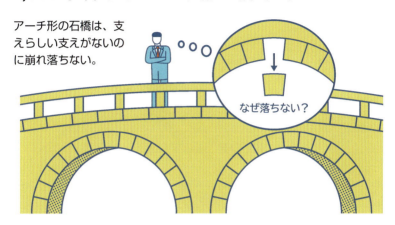

▶ 台形の石同士の作用・反作用〔図2〕

石は台形をしており、両脇の石を押すことで受ける反作用で自重を支える。アーチ形構造で重さは分散され、最終的に重さは両脇に伝わる。

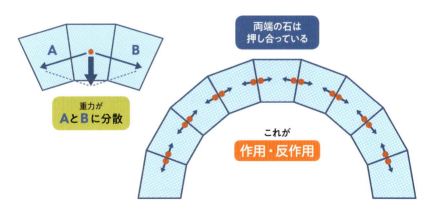

空想科学特集 3

日本とアメリカを つなぐ橋は造れるか?

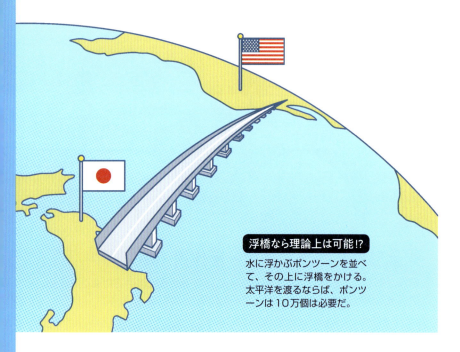

浮橋なら理論上は可能!?
水に浮かぶポンツーンを並べて、その上に浮橋をかける。太平洋を渡るならば、ポンツーンは10万個は必要だ。

　日本から太平洋を越えて、アメリカまで橋をかけることはできるでしょうか? **距離は約8,800km**。時速100kmで不眠不休で走っても丸3日と16時間かかる橋ですが、あれば便利ですよね。
　さて、一般に長い橋には、**斜張橋**や**つり橋**が適しています〔右図〕。高い塔を建て、塔から張ったケーブルで、橋げたを吊るすのです。世界最長の海上橋は、香港と中国の広東省珠海市とマカオをつなぐ全長55kmの港珠澳大橋で、これも斜張橋です。

長い橋に適した種類の橋

斜張橋
主塔から斜めに伸びたケーブルで、橋げたを吊った形の橋。

つり橋
メインケーブルから垂らしたハンガーで、橋げたを吊った形の橋。

　斜張橋を建てるには、軸になる橋脚（きょうきゃく）を建てていかねばなりません。ところが日本とアメリカを隔てる太平洋は、どこも数千mの深さです。そのため現実に橋脚を建設するには、莫大なお金と時間がかかります。実際、海峡を結ぶ道をつくる場合には、海が広くて深いと橋脚が建てられないため、トンネルが選ばれています。

　では**浮橋**にしたらどうでしょうか。浮橋とは、ポンツーンと呼ばれる鉄筋コンクリートなどで造った箱船をたくさん並べて、その上に橋を架けるものです。

　世界最長の浮橋は、アメリカのワシントン湖の東西を結ぶ、全長2,350mのSR520と呼ばれる橋です。フットボール場ほどの面積のポンツーン23個を連結しています。この要領で**10万数千個のポンツーンを並べれば、太平洋の架け橋が完成する計算**です。

　……と、計算上は造ることができるのですが、現実的には、風や波といった海上の自然の猛威に常にさらされ、建設は難航を極めます。仮に出来上がったとしても、これらの猛威の中で橋を維持していくことは不可能。

　アメリカへは、やはり飛行機か船で海を渡る方がよいでしょう。

13 ロケットはどうやって宇宙まで飛んでいくの?

作用・反作用の原理で飛び出し、機体を軽くして超速で飛んでいく!

　はるか遠く、宇宙まで飛んでいくロケット。どうやって飛んでいくのでしょうか?

　ロケットは強力なガスを噴射し、その反動で飛び出します。反動とは、**作用**と**反作用**（→P26）で説明できます。

　ロケットは、後方に勢いよくガスを噴き出し（作用）、その力と等しい逆向きの力を得て（反作用）、それを推進力としているのです〔P44 図2〕。日本のJAXA（宇宙航空研究開発機構）のロケットHⅡBの質量は約531トンです。これを地球の引力を脱出する速度で飛ばします。

　このことをイメージしやすいものとしては、風船でしょうか。ゴム風船の、口のところを持った手を離すと、空気を噴き出しながら飛んでいきますよね。これが、まさにロケットの飛び方なのです。

　ロケットの飛ぶしくみの次は、**ロケットの推進力**について。ロケットの発射映像を見ると、途中で何かを切り離していますよね？何かとは大量の**燃料**と**酸化剤**を入れた燃料タンクです〔P45 図4〕。ロケットは大きな推進力を得るために、大量の燃料を爆発的に燃焼させています。そして、使い終わった燃料タンクと酸化剤を積んだ機体は、切り離して捨てて飛んでいるのです。

機体は軽い方が速度が出ます。これは**「運動量保存の法則」**で説明できます。運動量は質量×速さで表されます。ガス噴出の運動量は、以下のような関係になります。

▶ 運動量保存の法則〔図1〕

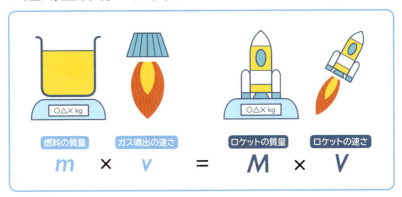

　=の左右は、作用・反作用に相当するので、等しくなります。この式は、Mが大きくなればVが小さくなり、Mが小さくなればVが大きくなる関係も表しています。つまり、ガスの噴出によってロケットが得た運動量を使い、ロケット自体が質量を減らすことで、ロケットの速度を速めることができるのです。ロケットを正しい向きに飛ばし、**秒速7.9km以上の速さになれば、地球の地表面すれすれを回る周回軌道に乗れます**（→P18）。秒速11.2km以上の速さになれば、地球の引力を振り切り、軌道から飛び出すことができます。

　ところで、ロケットの打ち上げのシーンを見ていると、真上に飛ばずに横へ流れていっているように見えますよね。これは、ロケットが地球の自転する方向、つまり東へ向けて出発しているから。自転の速度にも助けてもらい、ロケットは速度を得て飛んでいるのです〔P44 図3〕。

ロケットを飛ばす力は 作用・反作用

▶ガスを噴き出す力で推進力を得る〔図2〕

ゴム風船と同じように、ガスを噴き出す力（作用）で推進力（反作用）を得て、ロケットは飛ぶ。

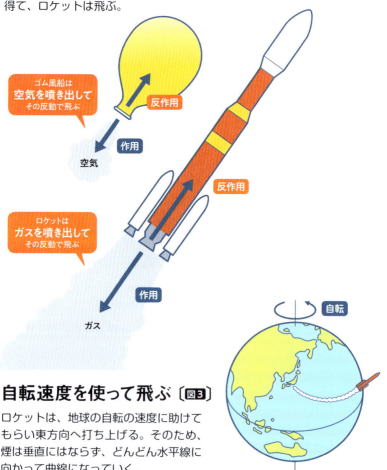

▶自転速度を使って飛ぶ〔図3〕

ロケットは、地球の自転の速度に助けてもらい東方向へ打ち上げる。そのため、煙は垂直にはならず、どんどん水平線に向かって曲線になっていく。

使い終わった機体を捨てて加速していく

▶ロケットの機体内部の大半は燃料と酸化剤〔図4〕

ロケットは大量の燃料と酸素（酸化剤）を積んで出発する。燃料と酸化剤を使いきると、機体を切り離す。すると軽くなって速度が増す。

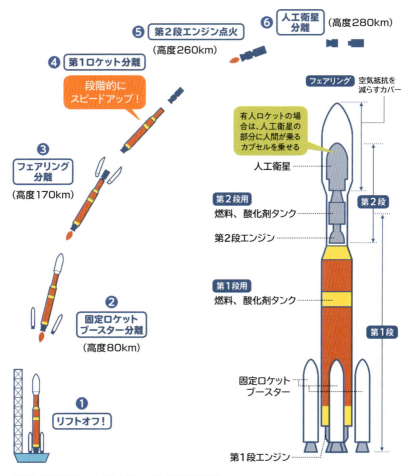

※図はJAXAのロケット打ち上げシーケンスを参考に制作。

14 ヘリコプターが空を飛ぶしくみは？

なるほど！ 上のプロペラで**揚力**と**反作用**を生み、おしりのプロペラで**機体を安定**させる

　飛行機以外の空飛ぶ機械といえば、ヘリコプター。見た目は全然ちがいますが、どうやって飛んでいるのでしょうか？

　ヘリコプターは、機体上部についた回転翼（プロペラ）を回転させて飛びます。この回転翼を**メインローター**と呼びます。

　メインローターの断面の形は、飛行機の主翼と似ています。上部が盛り上がっているため、空気の流れに変化が生じ、上部の気圧が下部に比べて低くなります。ここから**揚力**（→ P20）を得て、さらにたこ揚げと同じように**反作用**を受けて機体を浮かび上がらせます。

　しかし、メインローターだけだと、機体はメインローターの回転と逆方向に、ぐるぐる回ってしまいます。そこで、機体の後方についている小さな翼＝**テイルローター**が活躍するのです〔**図1**〕。

　テイルローターは、メインローターとはちがう方向に回転します。これにより、**メインローターの回転する力を相殺し、機体の向きを整えている**のです。ちなみにテイルローターの代わりに、後ろから空気を噴き出して、機体を安定させるヘリコプターもあります。

　ヘリコプターは、機体ごとメインローターを傾けることで、思い通りの方向へ飛ぶことができます〔**図2**〕。空中の同じ場所に静止する（ホバリング）こともできるのです。

2つのプロペラで機体を飛ばす

▶ プロペラは2ついる〔図1〕

メインローターの回転で揚力と反作用を生み出す。機体をまっすぐにするため、テイルローターの力も利用する。

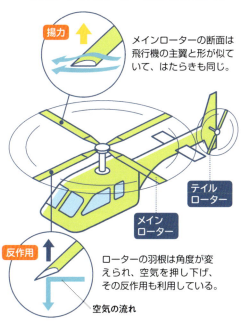
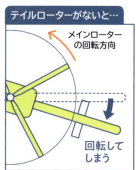
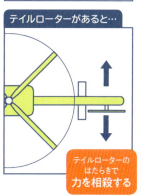

▶ 方向転換は機体ごと動かす〔図2〕

機体ごとメインローターを傾けて、前後左右に移動できる。

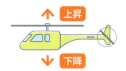

047　身近な疑問と物理のしくみ　1章

空想科学特集 4
プロペラをつけて自分

目的
プロペラをつけて空を飛びたい！

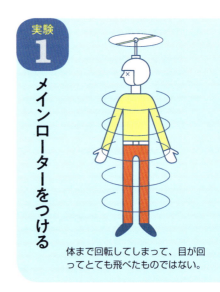

実験 1
メインローターをつける

体まで回転してしまって、目が回ってとても飛べたものではない。

　頭の上などにプロペラをつけることで、自由に空を飛んでみたい！ 誰もが一度は思い描いた夢ではないでしょうか？ 物理学的に、このような夢の道具は実現可能なのでしょうか？

　ヘリコプターのしくみ（→ P46）を参考に、まずは、**頭上にメインローターをつけてみる**とどうでしょうか？ これだと、頭上の回転力によって体まで回転してしまうので、目が回ってしまいます。さらには首つり状態になってしまいますので、大変危険です。

　それでは、ヘリコプターと同じように、**テイルローターをつける**とどうでしょうか？ こうするとヘリコプターと同様、姿勢を制御することができます。しかし、首つり状態は解消されません。このままの状態だと、自身の体重をまるまる首で支えることになり、相

048

だけで空を飛びたい！

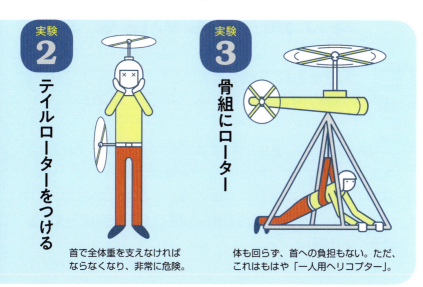

実験2 テイルローターをつける
首で全体重を支えなければならなくなり、非常に危険。

実験3 骨組にローター
体も回らず、首への負担もない。ただ、これはもはや「一人用ヘリコプター」。

当な負担となってしまいます。首は鍛えることが非常にむずかしい部位です。仮にトレーニングで鍛えて筋肉がついたとしても、自分の体をつり下げるのを首1本に任せるのは、さすがに無茶といわざるを得ません。

このような回転、首つり状態を防ぐためには、**グライダーのようなメインローターをつける骨組**をつくり、人間の体に負担がかからないようにするしかありません。骨組のてっぺんにはメインローターをつけ、やはり骨組の回転を相殺するために、側面にテイルローターをつける必要があります。

これで空を飛ぶことができるでしょう。しかし、これだともはや「一人用ヘリコプター」ですね。

15 飛行機に乗っていて耳が痛くなるのはなぜ？

なるほど！ 気圧が急に下がったことで、**鼓膜の内側の空気**が鼓膜を押すため！

天気予報などで、**気圧**という言葉を耳にしますよね。気圧とは、**大気による圧力**です。地上のあらゆる物体は、1㎠あたり約1kgの圧力（＝1気圧）で押されています。私たちの体がこの圧力を受けてもつぶれないのは、**私たちの体内も同じ1気圧で押し返しているから**です〔図1〕。

空気は、高所へいくほどうすくなり、気圧も下がります。例えばジェット機が飛ぶ約1万m上空では、気圧は0.2気圧ほど。飛行機の中は0.8気圧に保たれるように調整して気圧差を緩和していますが、それでも富士山の五合目くらいに相当する低い気圧です。

耳の鼓膜の内側は、鼻とのどにつながっていて、空間があります。この部分の気圧が鼓膜の外側よりも高まると、**鼓膜を内側から押す**ことになります。このとき痛みが生じるのです〔図2〕。

そんなとき、あくびをしたりすると痛みが消えたりしますよね。あくびをすると、耳の内部と鼻の奥をつなぐ**「耳管」**が開くので、耳の中の空気がぬけて圧力が下がる、というしくみなのです。

ちなみに、水圧の高い深海から引き上げられた魚の内臓が飛び出してしまうのも、同じ理屈です。海底より地上の気圧が低いため、体内のものが外側へ膨張し、このような現象が起きるのです。

体の内側から1気圧で押される

▶大気圧が弱まると体の中からの圧力がまさる〔図1〕

地上では大気は1気圧だが、飛行機の中は0.8気圧になる。
体の中の圧力の方が強い状態になる。

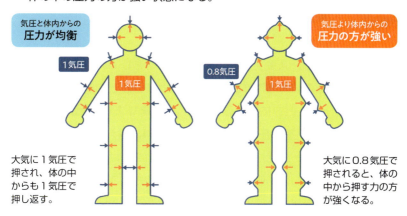

▶鼓膜が耳の内側から押される〔図2〕

耳の外の気圧が急に低くなると、耳の中の気圧が高い状態になる。そのため耳が痛くなる。

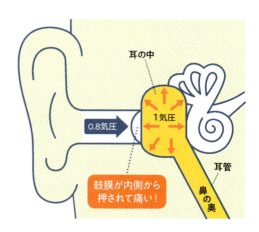

16 潜水病ってどういうもの？どうして起こるの？

なるほど！ 潜ることで**血液に気体が溶けこんで**しまい、「**窒素酔い**」「**減圧症**」が起こる！

　潜水病とは、スキューバダイビングなどをしていて、圧力の変動によって起こる障害です。深く潜ろうとするときに起こる**「窒素酔い」**、浮上したときに起こる**「減圧症」**があります〔右図〕。

　気体には、**「高い圧力をかけられた液体に溶けやすい」という性質**があります。例えば炭酸飲料水は、圧力をかけた水に二酸化炭素を大量に溶かしたものです。ふたを開けると、二酸化炭素の泡がどんどん出てきます。これは、ふたを開けたことで圧力が下がり、溶けきれなくなった二酸化炭素が出てくるからです。

　潜水して水圧が高くなると、血液に多くの気体が溶けるようになります。ダイバーの背負っているスキューバタンクには、窒素約8割と酸素約2割が入っています。**窒素が血液に大量に溶けると、思考力や運動能力が鈍くなります**。これが窒素酔いです。

　逆に圧力の高い水中に長くいた後、急に水面近くに上がると、どうなるでしょうか。**血液中に溶けていたガスが、気泡となって現れます**。これが減圧症で、炭酸のふたを開けたときのように、泡が出てきます。そしてその泡が、血管をふさぐこともあるのです。

　どちらも、圧力の変化が急激に起こったことで発症します。周りの圧力に、少しずつ体を慣らすことが大切です。

圧力をかけると気体は液体に多く溶ける

▶ 窒素酔いと減圧症

気体には、高い圧力をかけた液体に多く溶ける性質がある。気圧が急上昇して窒素が血液に多く溶けることで「窒素酔い」が生じ、気圧が急降下して血液中に気体が現れることで「減圧症」になることがある。

053　身近な疑問と物理のしくみ　1章

もっと知りたい！
選んで物理学
②

人間は深海200mまで素もぐりすることができる？

もぐれる　or　もぐれない　or　もっといける！

素もぐりとは、アクアラングなど呼吸用の器材なしでダイビングすることです。海は深さ200mくらいから、光のほとんど届かない「深海」になります。さて、人間はこのような深海まで素もぐりすることができるのでしょうか？

　水中では水の重さを**「水圧」**として受けます。100mの深さでは、周りから1cm²あたり約11kgの力で押されることになります。訓練していない人は、2mももぐれば耳が痛くなりますし、**潜水病**にもなってしまうかもしれません（→P52）。

　私たちは息を全部はき出したつもりでも、肺に入る空気の約5分

の4までしかはき出せません。残りの5分の1は、肺の形を保つため、肺の中に留まるのです。この**5分の1の大きさが、肺を正常に保つための最低サイズ**で、これを超えると肺がつぶれ始めます。

　素もぐりでは、深くもぐるにつれて肺は水圧を受けて小さくなります。そして5分の1のサイズを下回り、肺がつぶれはじめることを、**「肺のスクイズ」**といいます。

　このため、素もぐりには限界があると長く考えられていました。ところがあるフランス人が、100mまでもぐって生還したのです。

　このことから、訓練によって人間の体が水圧に適応できることがわかりました。医学的に調べると、肺が変形したり、肺の周辺の臓器がサポートしたりと、ほかの臓器ががんばって、肺を支えているような状態になっていることがわかりました。

　素もぐりには、ノー・リミッツという競技があります。ザボーラという乗り物で潜水し、ガイドロープを使って浮上してもよいルールです。これですでに、200mを超える記録が出ています〔下図〕。

　つまり正解は「（訓練によって）もっといける！」です。

▶潜水のおもな記録

水深	年	人物
100m	1976年	マイヨール（フランス）
122m	2016年	トゥルブリッジ（ニュージーランド）
103m	2017年	廣瀬花子（日本）
※ 214m	2007年	ニッチ（オーストリア）

※ザボーラという乗り物に乗っての記録。

ザボーラ

17 なぜ氷の上は すべりやすくなるのか？

なるほど! **氷は踏まれると水になり、この水の膜が足をすべらすから！**

　氷の上はツルツルとすべる。これはどうしてなのでしょうか？

　氷には、**圧力を加えると水になる性質**があります。固体（氷）が液体（水）になるときの温度を**「融点」**といいます。氷に圧力がかかると、この融点が低くなって氷は溶け始め、圧力を取り除くと再び氷に戻ります。この現象を「復氷」といいます。

　氷の上を歩くと、この復氷のはたらきで、瞬間的に足の下にうすい水の膜が生じるため、すべりやすいのです〔**図1**〕。

　すべりにくいものとすべりやすいもののちがいは、「摩擦」の度合いによって生まれます。私たちが地面を転ばずに歩けるのは、靴にも地面にも凹凸があるため、摩擦が大きいからです。

　そして、氷の表面にも凹凸がありますが、氷の上を歩くときには、上述のとおり水の膜があります。この水の膜によって表面の凹凸が埋められて摩擦が減るのと、水は液体で形が保てないため、すべりやすくなるのです。ちなみに、カーリングでも、この復氷のしくみが使われています〔**図2**〕。

　また最近の研究では、**氷の表面にはもともと水に近い状態の、うすい層がある**ことも発見されています。氷が溶けない極寒の環境でも、氷の上ですべるのはそのためです。

復氷による水の膜で足がすべる

▶ 水の膜が足をすべらせる〔図1〕

氷に乗ると、圧力で氷の上に薄い水の膜ができて摩擦力が小さくなり、また液体の水が形を保てずにすべりやすくなる。

凹凸同士なので摩擦が大きく、地面は固体で形を保つためすべらない。

氷はもともと摩擦が小さいうえに、圧力をかけると表面の氷が水に変わり、水が液体で形を保てず、足がすべる。

▶ カーリングも水の膜で摩擦を減らす〔図2〕

カーリングでは、氷面のペブルがストーンの圧力で一時的に水になり、摩擦力が下がって氷の上をすべっていく。

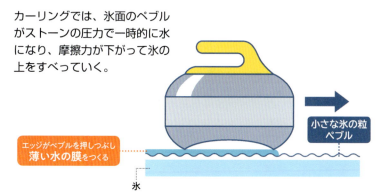

18 フィギュアスケート選手はなぜ高速で回れるの？

なるほど！ 「角運動量保存の法則」によって、腕をちぢめると回る速度が速くなるから！

　フィギュアスケートの選手は、目を回さないかと心配になるほど、くるくると回転しますね。なぜあんなに回れるのでしょうか？

　スピンでくるくる回れる理由は、スケート靴のブレードと氷との**摩擦がとても小さい**ことにあります。摩擦が少ないと、**回転の運動量（質量×速さ×腕の長さ）**は、外部からの力がはたらかない限りずっと保たれることになります（**角運動量保存の法則**）。つまり、最初に強く蹴るだけで、選手はほとんど静止することなく回り続けることができるのです。

　また、選手がスピンするときに、ゆっくりした回転がどんどん速くなる演技がありますね。**角運動量**は「**角運動量＝質量×回転半径^2×角速度**」という数式で表されます。この角運動量は、角速度や回転半径が変わっても、変化しないのです〔右図〕。

　つまりどういうことかというと、選手が腕を広げて回転を始めたときに、途中で腕をちぢめたとします。このとき、**回転半径が小さくなりますが、角運動量は変わらない**ため、回る速度が速くなるのです。もし、回転半径を4分の1にしたとすると、回る速度は16倍にもなります。

　こうして、高速スピンは生まれているのです。

回転半径を小さくするとスピンは加速

▶ フィギュアスケートのスピン

角運動量保存の法則により、腕を広げた状態の回転から腕をちぢめると、回転半径が小さくなり、回る速度は速くなる。

角運動量 = 質量 × 回転半径² × 角速度

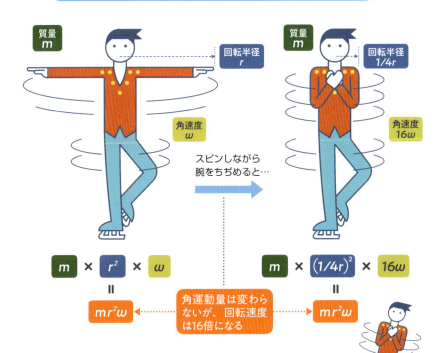

3回転、4回転ジャンプする選手は、最初勢いをつけるために広げた腕を、飛び上がると同時にぎゅっと引き締め、回転半径を目一杯小さくする。こうすることで宙にいる間、なるべく多く回ろうとしている。

19 なぜポンプを使うと水が上に吸い上げられる？

なるほど! 「**液面の高低差**」を利用して液体が移動する**サイフォンの原理**がはたらくため！

　ポンプをシュコシュコ押すと、液体を吸い上げて別の場所に移し替えられる…。今でこそ減りましたが、灯油ストーブの灯油の移し替えでよく見られた光景です。このポンプって、どういうしくみなのでしょうか？

　灯油の移し替えを例に見てみましょう。ポンプは、ポリタンクの液面がストーブタンクの液面よりも高い位置になるように置きます。ポンプを最初に数回押すと、管の中が灯油で満たされます。するとその後は、自動的にポリタンクからストーブタンクへと、灯油が流れていきます。

　これには「**サイフォンの原理**」が用いられています。これは、管の中が液体で満たされていれば、途中が高くなっていても、**液体は液面の高い方から低い方へと、流れていく**しくみです。液体は形を自由に変えられますが、分子同士が引き合っているため、管の中で **b** の部分が重い分、連なりながら移動していくのです〔**図1**〕。

　サイフォンの原理は、大きな水そうやプールから水を抜くときにも使われます。また、水洗トイレの排水にも利用されています。排便後のレバー操作によって、大量の水がたまることで、管の中も水で満たされ、サイフォンの原理がはたらくようになるのです〔**図2**〕。

途中に高いところがあっても液体が移動

▶ サイフォンの原理とは〔図1〕

液体は液面の高い方から低い方へと、液面の高さが同じになるまで流れていく。

液面の高さに差を出す

水面の高い方からパイプ内の最高点までを a 、水面の低い方から最高点までを b とした場合、a より b の方が大きく重いので、b の方に水は引きずられ、落ちていく。

▶ 水洗トイレのしくみ〔図2〕

水洗トイレでは、水を一気にためると排水管に水が満ちるため、サイフォンの原理で便器内の水をすべて流す。

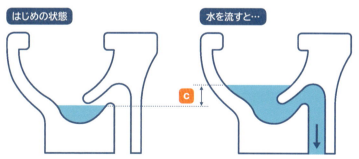

水が排水管いっぱいにたまるとサイフォンの原理がはたらき、 c の高さ分、排水される。

身近な疑問と物理のしくみ **1章**

20 汁椀のふたが開けにくくなるのはなぜ？

なるほど！ 熱膨張のしくみにより**椀内の気圧が下がり、外から圧力**をかけられている状態になるため！

　ふた付きの汁椀を後で飲もうとそのままにしておき、いざ飲もうとしたら、ふたが取れない…。そんな経験はありませんか？

　気体には、**温めると膨張して体積が増え、冷やすと収縮して体積が減る性質**があり、この現象を**熱膨張**といいます。ふたが取れないしくみは、この熱膨張が関係しています。

　最初熱かった汁は、時間とともに冷めます。汁椀の中の気体（空気と湯気）も一緒に冷えるのですが、気体は冷えると体積が減り、気圧が下がることになります。**汁椀の内側が１気圧以下になるのに対し、外側では空気が１気圧のまま**であるため、汁椀のふたは外から圧力をかけられることになります（気圧 ➡ P50）。このため、ふたがピッタリと閉まってしまい、開けにくくなるのです〔**図1**〕。

　また、汁椀がテーブル上をすべった経験はありませんか？　これは逆に**空気の膨張**による現象です。多くのお椀の底には、円形の高台がついています。この高台と接地面に水があると、水が汁椀と接地面とのすき間をピッタリふさぎます。このとき、高台の内側の空気が汁の熱でふくらみます。ふくらんだ空気は、汁椀を持ち上げようとするため、汁椀とテーブルとの**摩擦**が減ります。そのため少しのきっかけで、汁椀はテーブルをすべるようになるのです〔**図2**〕。

熱膨張で椀内の体積が変わる

▶ 冷めると中と外の気圧のバランスが崩れる〔図1〕

熱いときはお椀の中も外も同じ1気圧でつり合っているが、汁が冷めるとお椀の中の気圧が下がり、外の気圧に押されてふたが開けにくくなる。

出来立てのときは、外も中も気圧がつり合っている。

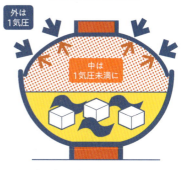

中の気圧が小さくなるため、ふたが開けにくくなる。

▶ 熱でふくらんだ空気がお椀をすべらせる〔図2〕

お椀の底が水でぬれた場合、高台の内側の空気が温まることでふくらんで椀を持ち上げる。すると椀とテーブルの摩擦力が少なくなり、ほんの少しの力でもすべる。

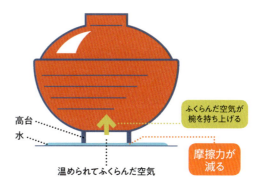

21 普通の靴よりヒールで踏まれる方がなぜ痛い?

なるほど! **力の集中と分散**のせい。
物体にかかる力は**面積によって変わる**!

　満員電車の中などで、ハイヒールで足を踏まれたことはあるでしょうか。経験者の話によると、その瞬間、激痛が走るそうです。中には骨折した人もいるようです。なぜハイヒールだとこれほど衝撃が強いのか。これには、**力の集中と分散**が関係してきます。

　ハイヒールの中でも、かかとの部分が2cm²程度の、いわゆるピンヒールがあります。体重50kgの女性がこれをはき、片足に体重をかけたとします。その半分がヒールにかかるとすると、ヒールは、1cm²あたり12.5kg重で踏みつけることになります。これは幅50cm程度の電子レンジ相当の重さ。電子レンジが角を下に向け、足の甲に乗った場合を想像してください〔図1〕。

　一方、6トンのアフリカゾウの足の大きさが約1,000cm²だとします。アフリカゾウに踏まれた場合の力は1cm²あたり1.5kg重。1.5ℓのペットボトルを口の方から乗せたイメージです〔図2〕。

　ハイヒールで踏まれたときの方が、はるかに破壊力がありそうですね。この理由は、力のかかる部分の面積が、アフリカゾウよりもハイヒールの方が小さいということにあります。**物体にかかる力は、接触する面積によって分散**されます。ハイヒールのように接触する面積が小さければ、力が分散されず、痛いのです。

接した面積で、力は集中・分散する

▶ピンヒールのかかとの力 〔図1〕

体重50kg重の半分の重さが2cm²のかかとにかかる場合、1cm²あたり12.5kg重の力が加わる。

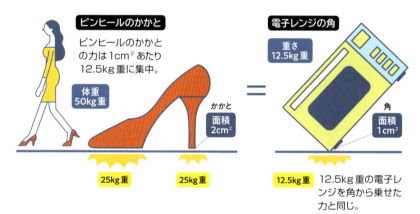

▶アフリカゾウの足の力 〔図2〕

体重6トン重（6,000kg重）の4分の1の重さが1,000cm²の足にかかる場合、1cm²あたり1.5kg重の力が加わる。

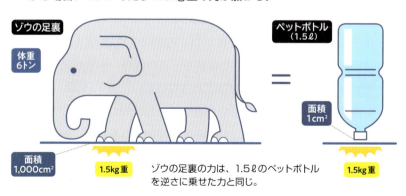

22 どうして電柱の中は空洞になっているのか?

モノの強度を示す**断面係数**が、空洞でも**ほとんど変わらない**から!

　道端に立つ電柱は中身が空洞で、丸いパイプ状になっています。なぜ、空洞なのでしょうか？　実は、中身がコンクリートで詰まった電柱とパイプ状の電柱では、曲げに対する強さはあまり変わらないのです。**曲げる力（曲げモーメント）に対する強さ・抵抗力を「断面係数」**といいます。そして、中身が詰まった円筒を中実材、中身が空洞のパイプのようなものを**中空材**といいます。中実材と中空材の断面係数はそれぞれ次の数式で求められます。

●中実材（円筒）の断面係数　　●中空材（パイプ）の断面係数

$$Z_1 = \frac{\pi}{32} 直径^3 \qquad Z_2 = \frac{\pi}{32} \times \frac{外径^4 - 内径^4}{外径}$$

　パイプの内径と同じ直径の円筒と、内径の1割の厚みを持ったパイプの断面係数を比較すると、$Z_1 : Z_2 = 1 : 0.89$ となり、パイプは円筒の約90％の曲げ強さを持ち、この場合、**中身が詰まっていても空洞でも、あまり強度は変わらない**といえます〔**図1**〕。

　強度が変わらない理由は、電柱のような円筒を曲げたとき、曲げた外側の方は引っ張られ、内側の方は圧縮されますが、円筒の中心部には引っ張りも圧縮も受けない部分が生じます〔**図2**〕。つまり、**曲げの強度には、中心部は影響しない**のです。

中が空(から)でも断面係数はほぼ同じ

▶曲げの強度はあまり変わらない〔図1〕

中実材(中身の詰まったもの)でも、中空材(パイプ状のもの)でも、曲げに対する強さはあまり変わらない。

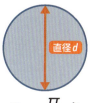

中実材の断面係数

直径 d

$$Z_1 = \frac{\pi}{32} d^3$$

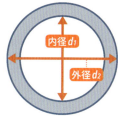

中空材の断面係数

内径 d_1
外径 d_2

$$Z_2 = \frac{\pi}{32} \times \frac{d_2^4 - d_1^4}{d_2}$$

中実材の直径と中空材の内径が等しい。
$d_1 = d$

内径の10%の厚みを持つ中空材である。
$d_2 = 1.2d$

上記をあてはめて断面係数を比較すると

$Z_1 : Z_2 = 1 : 0.89$

▶中心部は曲げの影響を受けにくい〔図2〕

中実材の円筒を曲げると、引っ張る力も圧縮される力も受けない中心部がある。そのため、中心部を空洞にしても、曲げの強度はあまり変わらない。

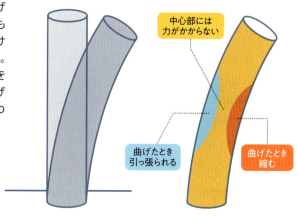

中心部には力がかからない

曲げたとき引っ張られる

曲げたとき縮む

23 天気が悪いと現れる… 雷ってどんなしくみ？

なるほど！ 雷とは、「**静電気**の**巨大な放電**」。
氷とあられがこすれ合って発生する！

「雷とは何だ？」。これは古来からの人類の謎でしたが、現在は**「静電気の放電」**であるというのが通説です。

衣服がこすれ合って体にたまった静電気が、ドアノブなどに触れたとき、ビリッと放電する。これが身近で起こる静電気ですね。雷が静電気だとすると、何がこすれ合っているのでしょうか？

答えは**氷や水の粒**です。雷がよく発生する積乱雲（入道雲）の正体は微小な氷や水の粒。激しい上昇気流によって地上の水分が上空で冷やされてできたものです。氷の粒は水蒸気を付着させて大粒のあられに成長します。大きくなるとゆっくり落ち始めます。このとき、上昇してくる微小な氷や水の粒とこすれ合うのです。すると**微小な粒は＋に、あられは－に帯電**します。重いあられは雲の下部にたまるので、雲の下方には－の電気がたまります。そうすると、地中の＋の電気が引き寄せられ、地上は＋に帯電します。

このような状態が続き、どんどん＋の電気や－の電気がたまりますが、やがて耐えきれずに**雲の－の電気が地上めがけて一気に流れます**。これが雷です。空気をかき分けて巨大な電気が無理やり流れるとき、空気はその部分だけ、瞬間的に1万度以上の高温になり、爆発的に膨張します。このときバリバリという雷鳴がとどろくのです。

氷とあられがこすれ合い 静電気 が発生

▶雷のしくみ

雷は、雲の下部にたまった氷や水の粒が−の電気に帯電し、＋に帯電した地上をめがけて、電気が一気に放電される現象である。

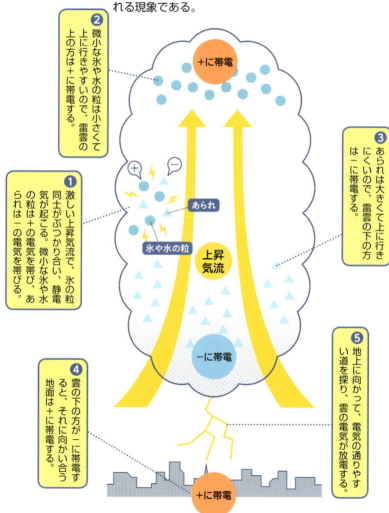

❶ 激しい上昇気流で、氷の粒同士がぶつかり合い、静電気が起こる。微小な氷や水の粒は＋の電気を帯び、あられは−の電気を帯びる。

❷ 微小な氷や水の粒は小さくて上に行きやすいので、雷雲の上の方は＋に帯電する。

❸ あられは大きくて上に行きにくいので、雷雲の下の方は−に帯電する。

❹ 雲の下の方が−に帯電すると、それに向かい合う地面は＋に帯電する。

❺ 地上に向かって、電気の通りやすい道を探り、雲の電気が放電する。

身近な疑問と物理のしくみ　1章

24 雲はどうして浮かんでいるのか?

なるほど! 雲は**空気抵抗の少ない「極小の水や氷の粒」**の集まり。**重力＜浮力**となって空に浮かぶ！

　雲は、直径0.01mm程度の、水または氷の粒でできています。この水滴は大変小さくて軽いので、空気中でふわふわと浮いてしまいます。

　これには、**空気抵抗**と**浮力**が関係します。

　すべての物体は、地球に重力があるため、落下します。しかし落下するとき、空気抵抗を受けます。**小さくて軽いものは、重力に対する空気抵抗の割合が大きな値になります**。そのため浮力が生じ、なかなか落ちません。花粉やハウスダストが空気中に漂っているのも、**空気抵抗による浮力を受けている**からです。

　雲はなぜできるのでしょうか。地上で空気が温められると軽くなり、軽くなった空気は上昇します。温かい空気は、上昇すると冷えていきます。すると、空気中の水蒸気が、溶けきれなくなって水滴として現れ、いわゆる氷晶（水や氷の粒）が発生します。

　これが雲の正体です。

　しかし、水や氷の粒は、お互いくっつき合うと大きくなります。大きく重くなっていくと、今度は空気抵抗よりも重力の大きさが大きくなり、落下を始めます。

　これが雨の正体です。

上昇気流による浮力で水滴が浮かぶ

▶ 雲ができるまで

地上で温められた空気が上昇し、空気中の水蒸気が冷えて水や氷に変わる。小さな水や氷の粒は上昇気流で押し上げられ、落ちにくくなる。

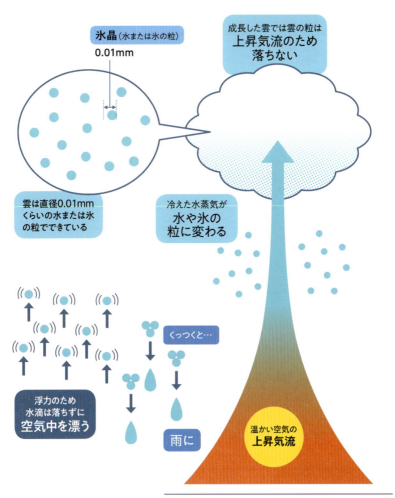

もっと知りたい！
選んで物理学
③

Q 鉄球とゴルフボールを同時に落とすと、どっちが速い？

| 鉄球 | or | ゴルフボール | or | 同時 |

鉄球とゴルフボール、重いのは鉄球ですね。脱脂綿や風船など中身が詰まっていないものは、ふわふわゆっくり落ちていきますが、鉄球とゴルフボールくらいの差だと、どうなるのでしょうか？どちらかが速いのか、それとも同時なのか…？

「**重いものほど速く落ちる**」。古代ギリシアの哲学者・アリストテレスがこのように述べ、当時の人々はそれを信じていました。これに16世紀、異を唱えたのが「近代科学の父」ガリレオです。

ガリレオはアリストテレスが誤っていると考え、2つの木の球を一つに結んで落としたら、1つの木の球を落としたときと比べてど

うなるかと考えました。結びつけたら2倍の重さになりますが、それで速く落ちるようになるとは思えなかったのです。

ガリレオは、人々の前で木の球と鉄球を落としてみせ、球は同時に着地し、人々にアリストテレスの考えが誤りだと示しました。

つまり、正解は「同時」…と言いたいところですが、ちょっと待ってください。この実験は、実際に精密に計測すると、木の球よりも、鉄球の方が速く落ちることが、現在はわかっています。脱脂綿や風船がゆっくり落ちるのは、**空気抵抗**を受けているから。そして、木の球も鉄球も、風船ほど目立ちませんが、空気抵抗を受けています。そのとき、軽い木の球の方が、空気に落下を妨げられるのです〔右図〕。

▶ 地上で高いところからモノを落とすと…

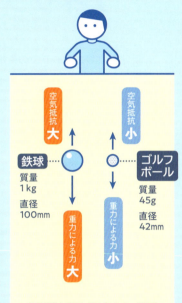

空気抵抗はモノの大きさ、形で変わるので、幅の大きな鉄球の方が大きく抵抗を受ける。重力による下向きの力は重さで変わる。これも鉄球の方が大きい。

ですから鉄球とゴルフボールを同時に落とすとどっちが速い？の正解は、「鉄球」になります。

ガリレオは、**「落体の法則」**という、質量と落下の速さとは無関係という法則をつきとめましたが、これは「空気抵抗のない場合」という条件つきの法則だったのです。

物理の偉人 1

人づき合いの苦手だった大物理学者・数学者
アイザック・ニュートン
（1643 - 1727）

　天才科学者ニュートンの生まれは不遇でした。誕生の3か月前に父が亡くなり、母はニュートン出産後、別の男と結婚し家を出ます。0歳から祖母に育てられたニュートンは、いつしか気が弱く内向的な子どもに育ちました。しかし、ある日、ニュートンは自作の水車模型を壊されて激怒し、いじめっ子と生まれて初めてのケンカをして勝利します。これで自信を持ったニュートンは成績が急上昇。名門ケンブリッジ大学へ入学するに至りました。

　図書館で数学書を古いものから順に読み、すべてを理解。しかし相変わらず内向的で、人との議論を嫌うニュートンは一人で研究を続けました。

　23歳のとき、ロンドンでペストが大流行したため、ニュートンは実家に帰ります。このとき思索にふけり、1年半の間に運動の法則（力学）、波や光の性質、万有引力の法則など、物理の基本法則の多くを発見します。しかしニュートンは大学へもどってからもそうした研究を公表せず、法則を自分一人で数学の式に整えていきます。

　ニュートンが42歳のときのこと。天文学者のハレーは、ニュートンが惑星の軌道を計算できることを知り、驚愕します。そしてニュートンに研究の成果を発表するよう強く勧め、ようやく名著『プリンキピア』を出版して、ニュートンの力学を確立したのです。

2章
まだまだ広がる物理のあれこれ

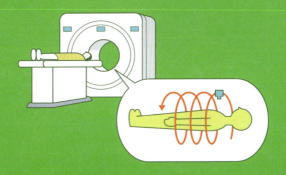

光、音、磁力など、身近なものから
果てしなく壮大なものまで、
「物理」の話はまだまだ広がります。
空の青さの理由や宇宙のしくみから、体温計のしくみまで、
物理の幅広い世界に触れてみましょう。

25 双眼鏡はどうして遠くのものが見えるの?

なるほど! 対物レンズと接眼レンズ、2つのレンズで拡大して見ている!

バードウォッチングやライブ鑑賞に欠かせない双眼鏡。しくみは、いったいどうなっているのでしょうか?

双眼鏡は、**倍率の低い小型の望遠鏡を2つ並べたもの**です。

望遠鏡には**屈折式**と**反射式**があり、双眼鏡に使われているのは屈折望遠鏡です。屈折望遠鏡は2枚のレンズを組み合わせたもので、つくりの上から**ガリレオ式**と**ケプラー式**に分かれます〔**図1**〕。普通に使われている双眼鏡の多くはケプラー式です。対物レンズがつくった像を、接眼レンズで拡大して見るというしくみで、対物レンズがつくった像は天地が逆さまになります。それをルーペのように拡大して見るので、遠くのものが大きく見えるのです。ただし、目に見える像も逆さま(**倒立像**)のまま。そこで双眼鏡では、**対物レンズと接眼レンズの間にプリズム**(透明なガラスでできた光学部品)**を挟んで像の天地をひっくり返し、正立像にしている**のです〔**図2**〕。

双眼鏡には、「8×30」のような数字が印刷されています。この場合、8は倍率、30は対物レンズの口径(直径)で単位はmmです。レンズの口径は小さいほど持ち運びには便利ですが、口径が大きいほど明るくはっきり見えます。倍率は高くなると像がブレやすくなるので、8倍くらいで十分です。

対物レンズの像を接眼レンズで拡大

▶ 双眼鏡に使われている屈折望遠鏡の原理 〔図1〕

屈折望遠鏡は、対物レンズがつくった像を、接眼レンズで拡大して見るしくみからできている。

ガリレオ式望遠鏡
凸レンズと凹レンズを組み合わせた望遠鏡。

ケプラー式望遠鏡
凸レンズ2枚を組み合わせた望遠鏡。

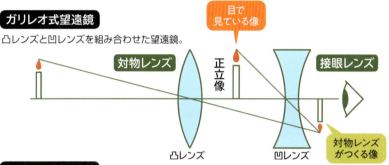

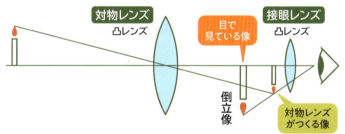

▶ 双眼鏡のしくみ 〔図2〕

ケプラー式望遠鏡では見えるのが倒立像なので、プリズムを使って光路を変え、像をひっくり返して正立像にしている。このタイプをポロプリズム式という。

まだまだ広がる 物理のあれこれ **2章**

26 望遠鏡はどのくらい遠くまで見えるの?

なるほど! はるか遠くを見るなら**反射望遠鏡**。
130億光年先の銀河まで見える!

　望遠鏡では、はるか遠くの天体まで見ることができます。天体観測に用いられる望遠鏡の多くは、**反射望遠鏡**というタイプで、**円形の鏡を使って天体からの光を集める構造**になっています〔**図1**〕。

　ハワイにある日本の国立天文台の**「すばる望遠鏡」**は、世界最高性能といわれています。その性能は、東京から約百km離れた富士山頂にある2つのテニスボールを見分けられるほど。といっても、空が明るく、空気が汚れている大都市周辺では、どんな高性能望遠鏡も実力を発揮できません。空気は、天体から届く光を遮ったり歪めたりするので、自分の上にある空気の層が薄い高山の方が、観測に有利なのです。そのため、ハワイのマウナケア山の頂上（標高4205m）にすばる望遠鏡は設置され、いちばん遠いところでは**130億光年以上離れた銀河を発見**しています。

　また望遠鏡を置く場所としては、空気のない宇宙の方が、地上の高山よりさらに好条件です。**「ハッブル宇宙望遠鏡」**は宇宙空間にあり、こちらもまた130億光年以上離れた銀河を発見しています。望遠鏡のカメラは可視光だけでなく、赤外線、紫外線、電波、ガンマ線なども映し出します。現代の天文学者は、これらの情報を分析し、ブラックホールなどさまざまな天体を発見しているのです。

反射望遠鏡で天体の光を集める

▶ 天体望遠鏡のしくみ 〔図1〕

すばる望遠鏡やハッブル宇宙望遠鏡は、反射望遠鏡というタイプの天体望遠鏡。ニュートン式とカセグレン式がある。

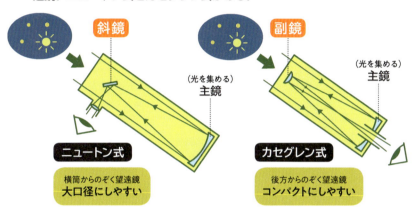

▶ すばる望遠鏡とハッブル宇宙望遠鏡 〔図2〕

もっとも高性能な望遠鏡は地上の高山、あるいは宇宙に置かれる。

可視光と赤外線を用いた観測を行う望遠鏡。

地上では困難な高い精度の可視光の観測を行う、カセグレン式の望遠鏡。

もっと知りたい！
選んで物理学
④

Q 技術さえ進めば、宇宙は200億光年先でも見える？

見える or 見えない

果てしなく広がる宇宙。最高性能の望遠鏡は、130億光年も先の宇宙の姿をとらえています（➡P78）。それではこの広い宇宙は、どこまで見ることができるのでしょうか？　技術さえ進めば、200億光年先も見えるのでしょうか…？

　日本のすばる望遠鏡や、アメリカのハッブル宇宙望遠鏡は、130億光年以上離れた銀河を見つけています。これは、**光の速度で130億年もかかる距離**です。
　観測技術の進化で、さらに遠くの天体まで観測できるようになるでしょう。では、その限界はどこか？　このとき、130億光年の

意味を考える必要があります。

　「1光年」は、光が1年かかって進む距離ですから、130億光年彼方に見える銀河は、130億年前に発せられた光が現在の地球に届いていることを意味します。つまり、すばるやハッブルは、130億年前の宇宙の姿を見ているのです。

　ここで、宇宙の年齢の話になります。宇宙は、約138億年前に**ビッグバン**と呼ばれる大爆発によって誕生しました（➡P200）。ということは、138億年より前には宇宙が存在していなかったということです。ですので、どんなに高性能の望遠鏡ができたとしても、138億光年より先の宇宙は観測できません。

▶ **おもな天体までの距離** ※光がそこに届くまでにかかる時間。

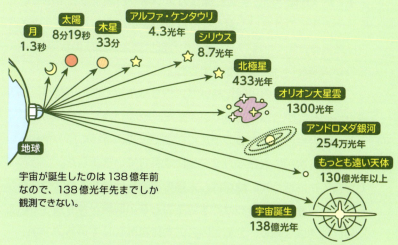

　つまり、正解は「見えない」です。しかし、さらに観測技術が進化して、観測距離が138億光年に近づけば、宇宙はどのようにして誕生したのか、その謎の解明に迫っていくことができるのです。

27 どうして地球は回っているのか?

なるほど! **地球が生まれるとき**に発生した、**回転する力**が**慣性の法則**で残っているから!

　地球の回転には、太陽の周りを1年かけてめぐる**「公転」**と、24時間かけてスピンする**「自転」**の2つがあります。地球ができてから約46億年。いつから公転や自転を始めたのでしょうか?

　地球の自転や公転は、実は地球を含む太陽系の誕生と関係があります。約46億年前、宇宙に漂うガスやちりが集まり、やがて重力によって引きつけ合い、濃くなり縮まっていきました。ギュウギュウに詰まると熱くなるので、その中心部は高温・高圧の状態となり、それが太陽という恒星になりました。

　このころ、太陽の周囲を熱いガスやちりからできた円盤が、渦のように回りながら取り巻いていました。時間が経ち円盤が冷えてくると、硬い岩のようなものがたくさんできて、互いにぶつかり合い合体して、次第に大きなカタマリに成長していきました。こうしてできたのが地球です。**地球は、太陽の周囲を回転するガスやちりから生まれてきた**というわけです。**そのときの回転が今も残っている**ために地球は公転し、公転と同じ方向に自転もしているのです。

　加えて宇宙は真空なので**慣性の法則**（→P10）がはたらき、物体はほかの力を受けない限り運動を続けます。そのため、地球は誕生して約46億年経った今も、公転や自転を続けているのです。

082

地球は46億年前の慣性で回転

▶ 太陽系の誕生と公転の向き

地球などの惑星の公転・自転する向きは、太陽ができるときに集まってきたガスの渦の回転が残ったものだ。

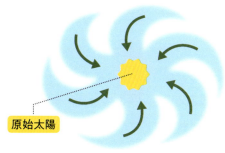

太陽系ができるとき、周囲から渦を巻くようにガスが集まり、その中心に太陽ができ始めた。

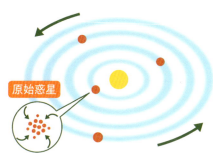

回転する渦の中にできた硬い岩のようなものがぶつかりあい合体して、次第に大きなかたまりに成長していく。

ガスやちりが集まって地球などの惑星ができる。その際の、ガスの渦の回転が自転と公転となって残っている。

28 地球はどうして宇宙に浮いているの?

なるほど! 地球は**万有引力**と**遠心力**の力で、**太陽に引かれながら**回っているため!

　地球の質量は約6,000,000,000兆トン。こんなに重いものが、どうして宇宙という空間に浮いているのでしょうか?

　この謎を知るには、まず**「引力」**について知る必要があります。空中に放り上げたボールは、いつまでも空中に浮いていることはできず、必ず地面に落ちてきますね。これは、ボールが地球の中心に向かって引っ張られるからです。質量のある物体には、互いに引っ張り合う**「万有引力」**という力がはたらきます〔図1〕。**地球とボールは互いに引き合う**のですが、地球の力の方が圧倒的に強いため、ボールは地面(＝地球の中心)に向かうのです。

　質量のある物体には万有引力がはたらく──。つまり、**地球と太陽も、この万有引力で互いに引き合っている**のです。

　そのとき、太陽の及ぼす力が圧倒的に大きいので、地球は太陽に引かれています。そのまま太陽に引き寄せられないのは、地球が太陽の周りを回るときの**遠心力**(→P12)がはたらいているからです。万有引力という見えないヒモの先に、地球というおもりを結びつけて、太陽の周りを回したような状態になっているわけです〔図2〕。

　地球は宇宙の空間にじっと留まったまま浮いているわけではなく、**万有引力と遠心力とで、動き続けている**ということなのです。

すべてのモノは 引力 で引き合う

▶ 万有引力とは〔図1〕

質量のあるすべて物体は、互いに引かれ合う。

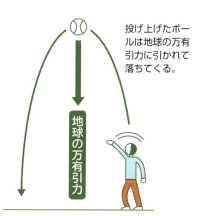
投げ上げたボールは地球の万有引力に引かれて落ちてくる。

モノ同士にも引力がはたらくが、小さすぎるので何も起こらない。

▶ 太陽と地球は引き合っている〔図2〕

地球は宇宙に浮いているのではない。太陽の万有引力に引かれながら、太陽の周りを回っている。太陽に引き寄せられないのは、遠心力がはたらいているため。

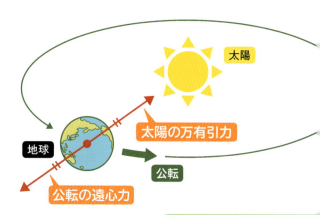

085　まだまだ広がる 物理のあれこれ　2章

29 ブラックホールとは どんな穴なのか…?

なるほど! 地球を直径2cmの球に押し縮めたくらい、**密度が高く、すさまじい重力**を持つ黒い穴!

　すべてを飲み込む**「ブラックホール」**。誰しも聞いたことがある言葉だと思いますが、いったい何なのでしょうか?

　ブラックホールは、非常に密度が高く、重い天体です。太陽の30倍以上もあるような重い星が、一生の最後に**「超新星爆発」**という大爆発を起こし、飛び散った外層のあとに残った中心部がつぶれてできあがります。その密度は地球を**直径2cmの球に押し縮めたくらいの詰まり方**。中の重力はとてつもなく大きくなり、周囲のものはすべて吸い込まれます。光でさえ二度と脱出できないので、宇宙に空いた黒い穴=ブラックホールと呼ばれるのです〔図1〕。

　さてここで、光がない=目に映らないブラックホールをなぜ見つけることができるのか? と疑問に思う人もいるかと思います。ブラックホールは、近くの恒星と一緒に回り合っていることがあります。このとき、恒星からガスが引き寄せられ、ブラックホールの周りに回転するガスの円盤がつくられます。これを**「降着円盤」**といいます。降着円盤の中のガスは、ブラックホールに吸い込まれていきますが、そのときに、ブラックホールの縁が非常に高い温度になり、X線を発します。この**X線を手がかりにして、ブラックホールの存在を推測**することができるのです〔図2〕。

ブラックホールはすべてを飲み込む

▶ 光さえ飲み込むブラックホール〔図1〕

ブラックホールはとてつもなく重力が強いので、一度吸い込まれたものは、光であろうと二度と外に出てくることはできない。光がなければ目に映らないため、ブラックホールを望遠鏡で観測することはできない。

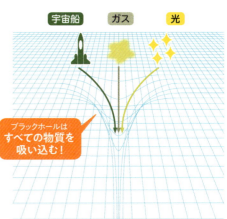

ブラックホールはすべての物質を吸い込む！

▶ ブラックホールの存在の確かめ方〔図2〕

ブラックホールは、近くの恒星からガスを吸い込むときにX線を発する。これを手がかりに存在が確かめられている。これとは別に2019年には、5500万光年先の銀河の中心にあるブラックホールの撮影に成功した。

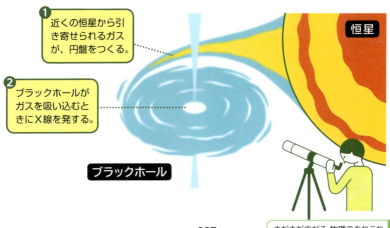

❶ 近くの恒星から引き寄せられるガスが、円盤をつくる。

❷ ブラックホールがガスを吸い込むときにX線を発する。

まだまだ広がる 物理のあれこれ **2章**

30 星までの距離ってどうやって測っているの?

> **なるほど!** 近い星は**三角測量**×**年周視差**で。
> 遠い星は**星の色を比較**して測る!

　はるか遠くの星までの距離は、どうやって測るのでしょうか? 星まで届くメジャーがあれば話は早いですが、そうはいきません。

　地球から近い星までの距離は「**三角測量**」と「**年周視差**」という手法を組み合わせて測ることができます。**三角測量とは、三角形の1辺と2角がわかれば、ほかの辺の長さがわかるという原理**。地球は1年かけて太陽の周りを一回りしていますが、夏至と冬至とでは、星の見える位置がずれます。そこで年周視差という角度を測ることで、太陽と地球の距離を基に星までの距離がわかるのです〔**図1**〕。この方法で、100光年くらいまでの星の距離を測れます。

　もっと遠い星までの距離は、**星の色から推測**します。星には**絶対等級**(32.6光年離れて見たときの明るさ)という基準があり、星の色から、この絶対等級がわかります(わからない場合もあります)。この絶対等級と、見かけの明るさを比べることで、星までの距離がわかるのです〔**図2**〕。ただし、距離はおよその数です。

　太陽系は直径10万光年とされる天の川銀河にあります。天の川銀河以外の銀河までの距離は、その**銀河の中に現れる超新星の明るさから求めます**。超新星にも絶対等級があり、それと見かけの明るさを比べて、その銀河までのおよその距離を知ることができます。

三角測量と星の色で距離を測る

▶近い星までの距離の測り方〔図1〕

比較的近いところの星までの距離は、三角測量の原理を使って測ることができる。年周視差は、実際には非常に小さい角度になる。

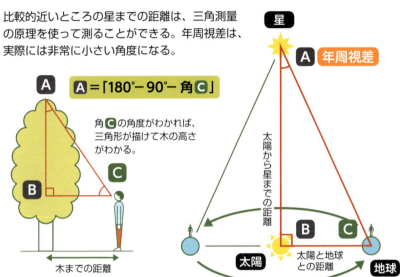

A =「180°− 90°− 角C」

角Cの角度がわかれば、三角形が描けて木の高さがわかる。

▶星の絶対等級と見かけの明るさ〔図2〕

同じ絶対等級（明るさ）の星でも、近くにあれば明るく見え、遠くにあれば暗く見える。絶対等級と見かけの明るさを比べることで、星までの距離がわかる。

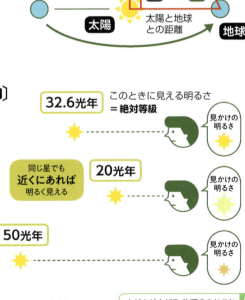

まだまだ広がる 物理のあれこれ 2章

空想科学特集 5

太陽系外までの宇宙

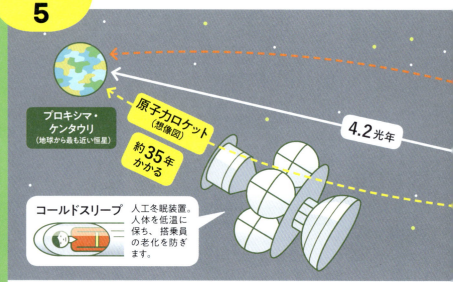

　太陽系から遠く離れた恒星や惑星に行くことは**「恒星間旅行（飛行）」**などと呼ばれ、SFの世界では当たり前ですが、果たして将来、実現可能なのでしょうか？

　太陽から最も近い恒星はプロキシマ・ケンタウリで、地球から約4.2光年離れています。地球から月までの距離の約1億倍もあります。人間が造った最速の飛行物体は、ボイジャー1号という探査機で、時速約6万km。このスピードで飛んだとしても、プロキシマまで7万年以上かかります。

　1973〜78年に、イギリスの科学者・技術者のグループが、地球から約5.9光年離れたバーナード星を目的地とする**「ダイダロス計画」**という無人の恒星間飛行のプランを、理論的に考えました。

旅行は可能？不可能？

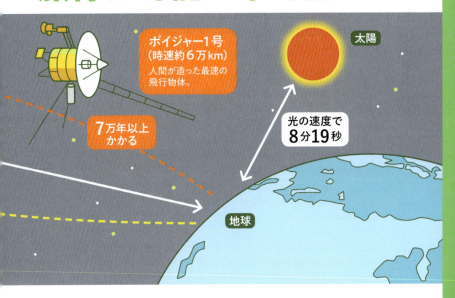

　使われるのは原子力ロケットで、光の速さの12％まで加速することができます。この速度は、ボイジャー1号の約1万8000倍。ただ、この速度で最も近いプロキシマまで行ったとしても、約35年かかります。仮に、このロケットに人が乗れたとしても、寿命を考えると片道35年は長すぎますね。SFでは恒星間旅行中はカプセルの中で冬眠させて年をとらないようにする「**コールドスリープ**」などの方法が使われています。『アバター』や『エイリアン』などの映画でその場面を見た人もいるでしょう。

　恒星間旅行には、少なくとも光速の**10％以上で飛べる宇宙船と、コールドスリープのような技術を確立**する必要があると考えられます。ただし、どちらもしばらくは実現しそうにありません。

31 音はどれくらいの距離まで伝わるのか？

> **なるほど！** 音は**振動が大きい**方が伝わる。
> 隕石爆発音は800km先でも聞こえた！

　音は、**空気の振動が波となって伝わっていく**もので、この振動が鼓膜を震わせることで、人の耳に聞こえます〔図1〕。大きな音ほど振動も強くなり遠くまで届きますが、**音の波**は伝わるにつれてしだいに弱くなるので、聞こえる距離には限度があります。

　では、どのくらいの距離まで、音は届くのでしょうか？

　実例として、1908年、シベリアのツングースカ地方の上空で起こった隕石の大爆発を紹介すると、その爆発音は、**800km離れた場所まで聞こえた**といわれています。このとき、直径50～100mの隕石が上空の大気中で爆発したと考えられています。太古の昔、恐竜絶滅の原因となった隕石は、この100～200倍あったと考えられています。このレベルの隕石が爆発すれば、数千km離れた場所でも聞こえるかもしれません。

　また、**音は水の中の方がよく伝わります**。これは**空気よりも水の方が密度が高く**、より振動が伝わりやすいためです。

　水中で暮らすイルカ、クジラなどの哺乳類は、音を使って仲間とコミュニケーションをとっています。中でもシロナガスクジラなどは、人間の耳がほとんど感じ取れない低い音を使い、数百～千kmも離れた仲間と連絡を取り合うといわれています〔図2〕。

音は 空気の振動 で伝わる

▶ 大きな音ほど遠くまで伝わる〔図1〕

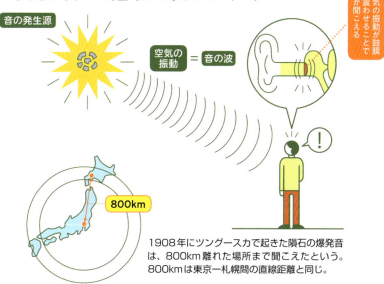

1908年にツングースカで起きた隕石の爆発音は、800km離れた場所まで聞こえたという。800kmは東京ー札幌間の直線距離と同じ。

▶ クジラは遠くの仲間と低音で会話する〔図2〕

シロナガスクジラなどは、低周波音で水に振動を起こし、数百～千kmも離れた仲間と連絡を取り合うことができる。

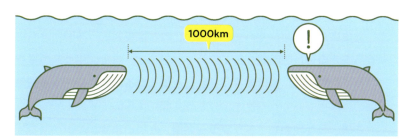

32 救急車のサイレン音はなぜだんだん変わる？

なるほど! 「**ドップラー効果**」によって、耳に届く**音の波長が変化**するため！

　走行中の救急車の「ピーポー」という音は、救急車が通り過ぎる前と後で、ちがって聞こえますよね。なぜでしょうか？

　音は、空気の振動が波として伝わってくるものです。救急車が止まっているときは、サイレンの音の波は、時間が経過しても一定の間隔で自分の方に進んできます。この場合には、時間が経っても音の高さは一定となるため、音は変化しません。

　救急車が近づいてくるときは、サイレンが自分に届くまでにかかる時間が短くなります。仮に、1秒に1回ずつ音が発せられたとすると、最初に音が出たときと、1秒後に音が発せられたときでは、救急車とこちらとの距離が短くなっています。そうなると、音の波が縮められたように波長が短くなります。**音は、波長が短いほど高くなります**。これが、救急車が目の前に来るまで続くので、近づいてくるときの音は、止まっているときよりも高く聞こえます。

　救急車が遠ざかっていくときは、これとは反対に、時間とともに救急車と自分との距離が長くなっていきます。自分に届く音の波長は長くなります。**音は波長が長いほど低くなる**ので、遠ざかる救急車の音は近づいてくるときよりも低く聞こえるのです。

　このような現象を「**ドップラー効果**」といいます。

音の波長によって聞こえ方が変化

▶ サイレンの音の変化

音は、空気の振動が波として伝わってくるもので、波長が短いほど高くなり、波長が長くなるほど低くなる。

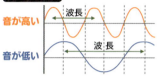

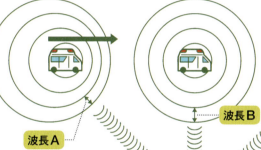
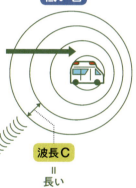

近づいてくるとき
救急車が近づいてくるときは、止まっているときより、音の波長が短くなるので、音は高く聞こえる。

波長A ＜ 波長B
音が高くなる

止まっているとき
救急車が止まっているとき、聞こえてくる音の波長は一定。

遠ざかっているとき
救急車が遠ざかっていくときは、止まっているときより、音の波長が長くなるので、音は低く聞こえる。

波長B ＜ 波長C
音が低くなる

まだまだ広がる 物理のあれこれ **2章**

33 夜は遠くの音がよく聞こえる。これって、気のせい?

夜は**上空より地面の空気が冷えていて、**音が**水平に近づくように屈折**する!

　冷え込んだ夜にふと耳を澄ますと、遠くを走る電車などの音が聞こえることがあります。夜は静かなので遠くの音も雑音にかき消されず聞こえるから？　理由はそれだけではありません。

　夜に遠くの音が聞こえることには、**「温度」**と**「音の屈折」**が関わっています。晴れた日の昼間は、太陽が地面を温め、その熱が徐々に空気にも伝わって、気温が上がります。そのため、温度は上空へいくほど低くなっています。夜になると、地面は空気よりも冷えやすいので、上空の空気よりも冷たくなります。

　音は、気温の異なる空気の中を進むとき、その**境目で折れ曲がります**。音は、温かい空気から冷たい空気へと進むときには、入射角より屈折角が小さくなり、冷たい空気から温かい空気へと進むときには、入射角よりも屈折角が大きくなります。

　つまり、上空にいくほど冷たくなる昼間には、音は**上へ上へと曲がるように屈折**します。その結果、音が上空へと逃げていき、遠くまで伝わりません〔**図1**〕。逆に、上空にいくほど温かくなる夜には、**音は水平に近づくように屈折**します。また、音に対して障害物となるものを回り込む「回折」の効果もあって、夜の方が音が遠くまで伝わるのです〔**図2**〕。

音は空気の温度差により屈折する

▶ **昼の音の進み方**〔図1〕 昼は、地上付近ほど気温が高い。そのため、音は上空の方へ逃げていくように屈折する。

▶ **夜の音の進み方**〔図2〕 夜は、地上付近は上空より気温が低い。音は昼間とは逆に水平方向に遠くの方まで伝わる。

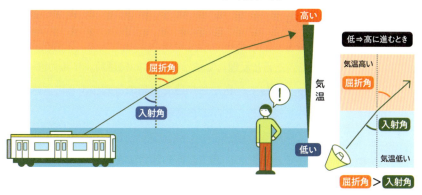

34 動物にだけ聞こえる？超音波ってどういうもの？

なるほど！ **人間の耳には聞こえない周波数の音**。**超音波**で動物は周囲のようすを探る！

音は空気振動の波ですが、**動物によって聞き取れる周波数（振動数）がちがいます**〔図1〕。周波数が大きいほど高い音になりますが、人間が聞き取れる音＝**可聴音**は、約20～20,000ヘルツ。**可聴音より高い、人間には聞こえない音を超音波と呼びます**。

音は、水中でも伝わります。その速度は空気中では1秒間に約340mですが、水中では約1,500mと速くなります。超音波は可聴音より短い距離しか届きませんが、周波数が高くなるほどまっすぐに進み、狭い範囲にピンポイントで集めることができます。

この特性をうまく利用しているのがイルカです。イルカは、鼻の穴にあたる呼吸孔内のひだや弁を振動させ、超音波を連続して発生させます。この超音波が、イルカの頭にあるパラボラアンテナの形をした骨に反射して、前方へまっすぐ進みます。そして、水中の魚の群れや岩などに当たると反射して戻ってきます〔図2〕。イルカは、この**反射波をキャッチ**して、私たちが目で見るのと同じように、水中のようすをくわしく知ることができるのです。

超音波を巧みに利用する動物としてはコウモリもよく知られていますが、イヌやネコ、ネズミ、昆虫なども超音波を聞き取り、周囲のようすを探るのに利用しています。

人間の可聴音より高い音が超音波

▶動物によって異なる可聴音 〔図1〕

多くの動物は、人間の聞き取ることのできない高い音（＝超音波）を聞き取ることができる。

動物	可聴音下限 (Hz)	可聴音上限 (Hz)
イルカ	150	150,000
コウモリ	1,000	120,000
ネコ	60	100,000
イヌ	65	50,000
ヒト	20	20,000

コウモリは、光を当てて夜の景色を見たのと同じ映像を感じているといわれる

人間が聞き取れない高い音！

超音波

出典：「カロッツェリア 音の雑学大事典」（パイオニア）

▶イルカは超音波を発射する 〔図2〕

イルカが発する超音波は、頭にあるパラボラアンテナの形をした骨で反射され、メロンという器官を通って発射される。

- 超音波をつくる器官
- メロン
- メロンを通じて**超音波を発射**
- 戻ってきた超音波は内耳で聞く
- 内耳

まだまだ広がる 物理のあれこれ　2章

空想科学特集 6

糸電話は、どのくらい

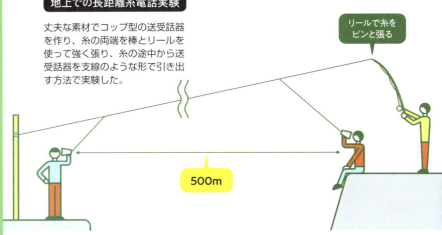

地上での長距離糸電話実験

丈夫な素材でコップ型の送受話器を作り、糸の両端を棒とリールを使って強く張り、糸の途中から送受話器を支線のような形で引き出す方法で実験した。

リールで糸をピンと張る

500m

　糸の両端に紙コップを結びつけてピンと張り、片方の紙コップに話しかけると、もう一方の紙コップに声が届く**「糸電話」**。声による振動が紙コップからピンと張った糸に伝わり、その振動がもう一方の紙コップを振動させ、それが空気の振動となって相手の耳に届くしくみです。でも、糸を長くしすぎた状態でピンと張ると、紙コップが破れてしまうので、普通は10〜20mが限界でしょう。

　実際に「糸電話はどこまで聞こえるか？」という実験を行った人たちがいます。紙より丈夫な素材でコップ型の送受話器を作り、糸の両端を棒やリールを使って強く張りました。そして強く張った糸の途中から送受話器を支線のような形で引き出す方法で実験し、500mの距離の通話に成功しました。

長くすることができる？

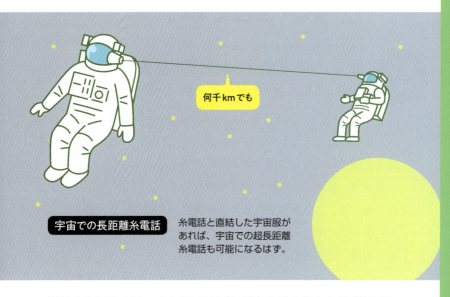

何千kmでも

宇宙での長距離糸電話　糸電話と直結した宇宙服があれば、宇宙での超長距離糸電話も可能になるはず。

　地球の空気中では、糸を長く伸ばせば糸の重さがかかるだけでなく、風の影響も受けます。糸が長くなればなるほど、ピンと張ることもむずかしくなるので、**現実的には500mくらいが限界でしょう。**

　ですが、真空の宇宙空間であれば、糸電話は何百kmも何千kmも長く伸ばすことができます。**真空中でも糸の中を振動は伝わっていく**ので、振動が途中で弱まっても、原理的には限りなくよい耳があれば聞き取れるはずです。しかし、声は声帯の振動が空気に伝わって出るものであり、また聞く方も、空気の振動が耳の鼓膜を震わせることで音を感じるので、真空の宇宙では糸電話は使えません。

　ただし、**糸電話と直結した宇宙服**の中で会話をすれば、宇宙服の中には空気があるので、超長距離宇宙糸電話が可能になるでしょう。

まだまだ広がる 物理のあれこれ **2**章

35 鏡にモノが映るのはどういうしくみ？

なるほど! 銀などの「**光をよく反射する物質**」が裏にあり、規則正しく**正反射**してモノが映っている！

　なぜ鏡にモノが映るのでしょうか？　これには、**光の反射と、ガラス、銀**などのもつ性質が関係しています。

　まずは、反射のしくみを見ていきましょう。光は、平らな面に当たったときには、面に当たるときの角度（**入射角**）と反射するときの角度（**反射角**）が等しくなります〔**図1**〕。鏡にモノや自分の姿が映るのは、光が鏡の平らでなめらかな面に当たって規則正しく反射し、こちらに返ってくるためです。このような反射を**正反射**といいます。鏡は、この正反射を利用してモノの姿を映しているのです。

　続いて、鏡の構造です。鏡の表面は平らなガラスでつくられています。ガラスの後ろから光が入らないように、銀やアルミなど、**光を通さない金属の膜**が張ってあります。この膜が光をほぼ100％反射するので、目で実物を見たときと同じように、明るくくっきりとした像が見えるのです〔**図2**〕。

　ちなみに、窓ガラスも表面が平らでなめらかなので、モノが映ります。しかし、窓ガラスに反射して返ってくる光は、外からガラスを通して入ってくる強い光に負けてしまい、日中はモノはよく見えません。夜になって外が暗くなると、ガラスを通して入ってくる光が少なくなるので、モノがよく映るようになります。

鏡の表面では光の入射角と反射角が等しい

▶鏡に自分を映したときの光の反射〔図1〕

帽子からの光も、胸からの光も、靴からの光も、入射角が反射角と等しくなるように規則正しく反射するので、実物と同じ姿の鏡像が目に入る。

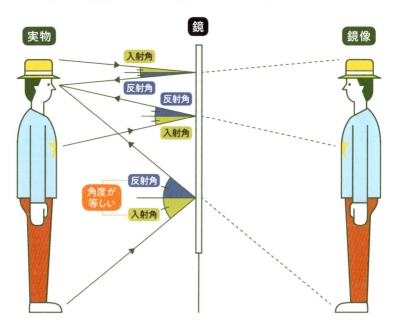

▶鏡のしくみ〔図2〕

鏡はガラスと金属の膜でできている。銀やアルミはほぼ100%、光を正反射する。

光はガラスの表面と銀のそれぞれに反射するため、よく見ると、鏡には二重に映って見える。

36 まぼろしが見える？蜃気楼の正体とは？

なるほど！ 光は**空気の温度差で屈折**する
そのため温度差で**まぼろし**が見える！

　蜃気楼とは、遠くのものが浮き上がって見えたり、逆さまに見えたりする現象です。光は、均一な空気の中では直進するのですが、濃い空気（温度の低い空気）とうすい空気（温度の高い空気）の中を進んでいくときは、その**境目で屈折**します。この屈折によって、見えるはずのない遠くのものが、空中に浮いて見えたりするのです。

　蜃気楼にはいくつかの種類がありますが、おもに海で見られる**上位蜃気楼**が代表的な現象です。海面近くの空気が冷たく、その上の空気が少しずつ温かくなっているときに現れます。このように気温差のある層の中では、**光は気温の高い（密度の小さい）方から、気温の低い（密度の大きい）方へ屈折**します。それが連続的に起こるので、光はカーブします。このとき、岸にいる人の目には船が逆さまになって見えます〔図1〕。一方、海面近くの冷たい空気の層の中では、光は屈折しないため、船はそのままの形で見えます。こうして、普通に見える船の上に、逆転した船が重なって見えるのです。

　同じしくみで起こるものに、「**逃げ水**」があります。夏の晴れた日などに舗装道路で、遠くの路面が濡れているように見えるものです。強い日差しで道路が温められ、**路面近くに温かい空気の層ができて、光が屈折することで起こります**〔図2〕。

気温差で光が屈折すると現れる

▶上位蜃気楼が起こるしくみ〔図1〕

海面の冷たい空気の層の上に温かい空気の層ができて、このような蜃気楼が発生する。

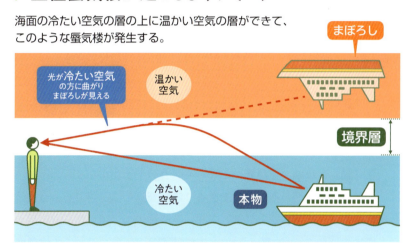

▶逃げ水のしくみ〔図2〕

逃げ水は、夏の晴れた日に舗装道路前方の路面が水に濡れたように見える現象。

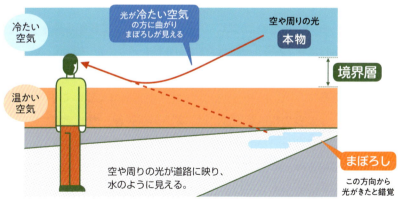

37 当たり前にあるけれど光ってそもそも何?

なるほど! 光は**電磁波**。人の目に見える**可視光**と、人の目には**見えない光**がある!

　秒速約30万km。赤道の7周半にあたる距離を、1秒で進む速さを持つ光。この正体は、**「電磁波」**と呼ばれる、エネルギーを持った波です。この電磁波のうち、人間が目で感じることができる電磁波を**「光」**または**「可視光」**と呼んでいるのです。

　では、<u>目で感じることができる「電磁波」</u>とは、何でしょうか? 電磁波は、名前の通り「波」です。この波の山の頂点から次の頂点までの距離を、**「波長」**といいます〔**図1**〕。私たちは、この**波長が約400〜700ナノメートル(nm)の波を「光」として目で感じている**のです。ナノメートルとは、10億分の1mという小さな距離を表す単位です。

　私たちの目が感じる光は、さらに**波長によって赤から紫まで7色に分かれます**〔**図2**〕。赤はいちばん波長が長く、赤、橙、黄、緑、青、藍、紫の順で、波長は短くなります。可視光の波長は短く、長い赤色で波長は700nmくらい、短い紫は400nmくらいです。

　紫より波長の短い電磁波には、紫外線、X線、ガンマ線があります。赤より波長の長い電磁波には、赤外線や電波があります。これらの電磁波は、光子(フォトン)という素粒子(➡P206)であり、これが空間を飛んで伝わると考えられています。

光の波長の大きさで色を感じ取る

▶波と波長〔図1〕

光は電磁波というエネルギーをもつ波。波の山から次の山までを波長と呼び、波長の長さで電磁波の種類が分けられる。

▶電磁波と可視光の波長〔図2〕

一般に光と呼ばれるのは、電磁波のうちの可視光。可視光より波長が短いものは紫外線、X線、ガンマ線。可視光より波長の長いものは赤外線、電波と呼ばれる。

$1\mu m = 1,000 nm$ (マイクロメートル = ナノメートル)

$1mm = 1,000\mu m$ (ミリメートル = マイクロメートル)

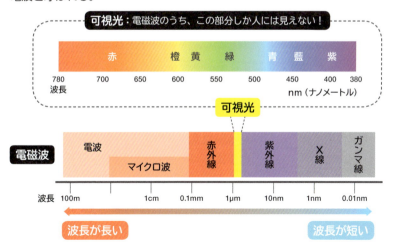

38 虹って何？どういうしくみで生まれるの？

なるほど！ もともと**7色でできている太陽の光**が水の粒を通ることで**分かれて見える**ようになる！

　雨上がりの晴れ間に現れたり、庭で草木に水やりをしていると現れたり…。しばしば目にすることのある「虹」ですが、そもそも、虹とは何なのでしょうか？

　虹とは、太陽の光が水の粒によって**屈折、反射することで、7色に分かれて見える現象**です。なぜ7色に見えるかというと、太陽の光は、「赤、橙、黄、緑、青、藍、紫」の7色でできているため。太陽の光はこの7色が合わさって、普段私たちの目には白色（無色）に見えています。この光が、雨の後の**空気中に漂う水の粒を通ることで、7色の光に分かれる**のです〔**図1**〕。

　太陽の光が7色に分かれることは、**プリズム**で確かめられます。プリズムとは、光の屈折、分散、反射などを確認するための、ガラスや水晶でできた三角柱のこと。プリズムを通ると、太陽の光は、屈折したり反射したりして7色に分かれます〔**図2**〕。大気中では、**水の粒がプリズムと同じはたらきをして、虹をつくり出す**のです。

　水の粒に「入る光」と「出てくる光」は、**図1**のように約40度の角度になります。そして、**この角度は、7色でそれぞれ少しずつ異なるのです**。そのため、もともと1色（無色）に見えていた光が分解されて、虹として目に映ることとなるのです。

光の屈折と反射で色が分かれて見える

▶虹ができるしくみ〔図1〕

太陽の光が空気中に浮かんだ小さな水の粒の中を通るとき、屈折・反射をして7色の光に分かれ、虹として見える。そのため、虹は太陽と反対の方角に見える。

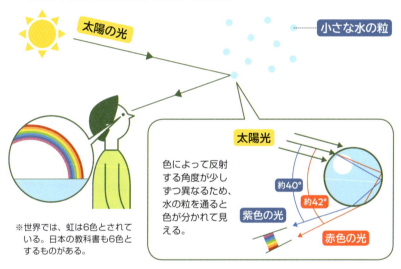

※世界では、虹は6色とされている。日本の教科書も6色とするものがある。

▶プリズムで色が分かれる太陽の光〔図2〕

プリズムの中に太陽の光を通すと、7色の光に分かれる。虹では、小さな水の粒が光を分けるプリズムのはたらきをしている。

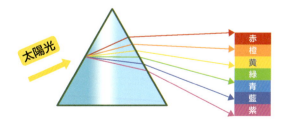

39 空と海はどうして青いのか？

なるほど! 青は大気中で**散乱**しやすい。この**散乱した光が目に入る**から！

　空は、空気が集まったもの。海は、水が集まったもの。どちらも、近くで見ると透明なのに、どうして青く見えるのでしょうか？

　まず、空が青い理由から。太陽の光は赤、橙、黄、緑、青、藍、紫の7色が混ざり白く見えています。この7色は波長により色がちがいます（→P106）。太陽の光は、空気中で酸素や窒素などの粒に当たり、さまざまな方向に飛び散ります。これを**散乱**といい、波長の短い**青や紫の光ほど、散乱しやすい**性質があります〔**図1**〕。この**散乱した青や紫の光が目に入るため、空は青く見える**のです。

　ちなみに、夕日が赤いのは、太陽が西に落ちてくると、光が斜めに射すためです。斜めになることで、太陽から地面までの距離は長くなる、つまり、長い距離の空気の層を通り抜けることになります。青い光は空気の粒に当たって散乱してしまうため、私たちのいるところまで届かず、**散乱しにくい赤い光が届いている**のです。

　さて、海が青い理由は何でしょうか？　空の色を反射することに加え、実は、**水の分子には、赤い光を吸収する性質があります**。太陽の光に含まれる7色のうち、赤色の光が水に吸収されてしまうのです。青色の光は吸収されずに進み、空のときと同じように、今度は水の粒に当たって散乱するため、海は青く見えるのです〔**図2**〕。

赤は散乱しにくく、青は散乱しやすい

▶ 青い光は散乱しやすい〔図1〕

青い光は波長が短く、空気の粒に当たって散乱しやすい。波長の長い赤色の光は空気の粒に当たりにくく、散乱しにくい。

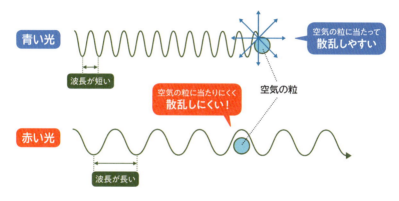

▶ 水は赤い光を吸収する〔図2〕

太陽光のうち、赤は水に吸収され、吸収されず散乱する青い光が目に見える。加えて、空の色（散乱した青）も反射されて見えるため、海は青く見える。

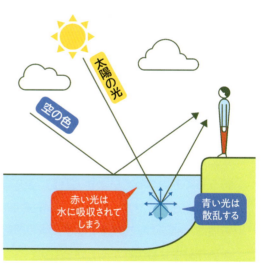

40 赤外線って何？どんな性質のモノ？

なるほど！ 目に見えないけど感じ取れる光。
熱を伝え、可視光に似た性質を持つ！

　電化製品などでも使われているという**「赤外線」**。名前はよく聞きますが、いったいどんな性質のモノなのでしょうか？

　可視光は、波長の長い順に赤から紫まであります（➡P106）。赤色の光よりも波長の長い電磁波は、目で見ることはできませんが、その一部は「赤外線」と呼ばれるものになります〔図1〕。

　目には見えませんが、私たちは普段から赤外線を感じ取っています。太陽の光の温かさは、太陽から可視光と一緒に届く赤外線によるもの。つまり、**赤外線には熱を伝える性質がある**のです。

　赤外線は、図1のように、波長によって**近赤外線**、**中赤外線**、**遠赤外線**に分けられます。このうち近赤外線は、可視光の赤色に近く、性質も可視光に近い特性を持つので、テレビなどのリモコンや赤外線カメラなどに利用されています。

　テレビのリモコンのボタンを押すと、リモコンから赤外線が出ます。それがテレビの本体にある受信部分に当たり、テレビの操作を行うしくみになっています〔図2〕。赤外線は、紙1枚でも遮るものがあると進めません。リモコンに電波ではなく赤外線を使うのは、電波だと部屋の壁を越えて届き、隣の部屋や近所の家のテレビなどを誤作動させる恐れがあるからです。

赤外線は波長で3つに分かれる

▶ 赤外線の波長と分類〔図1〕

赤外線は可視光より波長の長い電磁波。波長によって、近赤外線、中赤外線、遠赤外線に分けられる。

▶ 赤外線を利用したリモコン〔図2〕

リモコンのボタンを押すと、赤外線の信号が出てテレビの赤外線センサーにキャッチされる。赤外線をパルス化（細かく点滅）させて信号のパターンをつくり、受信部側でそのパターンを読み取って、電源をつけたりチャンネルを変えたりする。

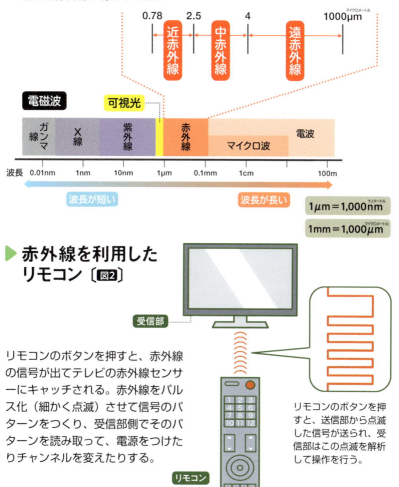

リモコンのボタンを押すと、送信部から点滅した信号が送られ、受信部はこの点滅を解析して操作を行う。

まだまだ広がる 物理のあれこれ　2章

41 日焼けの原因？ 紫外線ってどんな光？

なるほど！ **紫外線**は**波長のちがい**により3つに分かれる。この中の**UV-B**が日焼けの原因。

　天気予報でも紫外線情報が発表されますね。日焼けの原因といわれる紫外線ですが、これはどのような光なのでしょうか？

　まず太陽から届く光のうち、人間の目が感じる可視光は波長の長い順に赤から紫に分かれています（➡P106）。**紫外線は、紫よりも波長の短い光のこと**をいい、目には見えません。

　この紫外線は、波長（➡P106）の長いものから順に、**UV-A**、**UV-B**、**UV-C** の3種類に分けられます〔**図1**〕。このうち、UV-Cは上空のオゾン層に遮られるので、地上に届くのはUV-AとUV-Bの2つ。この2つが、人体にさまざまな影響を与えているのです。

　UV-Bを多量に浴びると、肌が真っ赤になって水ぶくれができるような日焼けを起こし、その後、肌が真っ黒になります。肌が黒くなるのは、皮膚の細胞が紫外線を吸収するメラニンという黒い色素を大量につくるためです。UV-Bは、皮膚ガンや白内障の原因になります。一方、UV-Aは急激な日焼けは起こしませんが、ゆっくり肌を黒くし、皮膚のしわやたるみの原因になります。

　害の多そうな紫外線ですが、**ビタミンDをつくらせるというはたらき**もあります。日本ビタミン学会によると、夏は30分、冬は1時間程度の日光に当たれば、十分な効果が得られるということです。

紫外線はUV-A、UV-B、UV-Cの3つ

▶ 紫外線の波長と分類 〔図1〕

地上に届く紫外線はUV-AとUV-B。この2つが生物の健康などに影響を及ぼす。

- 10 / 100 / 280 / 315 / 380nm
- UV-C → 地上に届かない
- UV-B、UV-A → 人体に影響を与える!

$1\mu m = 1,000 nm$（ナノメートル）
$1mm = 1,000\mu m$（マイクロメートル）

電磁波：ガンマ線 / X線 / 紫外線 / 可視光 / 赤外線 / マイクロ波 / 電波

波長：0.01nm / 1nm / 10nm / 1μm / 0.1mm / 1cm / 100m

← 波長が短い　　波長が長い →

▶ 紫外線が肌に及ぼす影響 〔図2〕

UV-Bは皮膚の表皮に届きメラニンを増加させて日焼けの原因になります。
UV-Aは、皮膚の深い真皮層まで届きコラーゲンやエラスチンを破壊し、しわやたるみなどの原因となります。

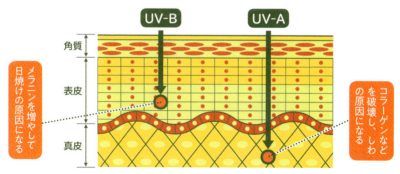

UV-B：メラニンを増やして日焼けの原因になる
UV-A：コラーゲンなどを破壊し、しわの原因になる

角質 / 表皮 / 真皮

まだまだ広がる 物理のあれこれ　2章

42 X線検査ではどうして人体が透けて見える?

なるほど! X線は**光より強い電磁波**で、モノを透過する。この性質を利用して、人体を透視する!

　X線検査などで、人体が透けて見えるのは、なぜでしょうか?

　X線は光と同じ電磁波（→P106）ですが、光とはちがい、**モノの中を通り抜ける（透過する）性質**をもっています。この性質を利用して、人体を透けて見せるのがX線撮影（検査）です。

　光はモノを透過しないのに、X線はモノを透過する。このわけは、**X線がもつエネルギーが光よりも大きい**ためです。

　すべてのモノは、原子からできています。原子の中心には原子核があり、その周囲を電子が回っています。光は、原子に当たると電子に捉えられてしまいます。一方、エネルギーが強いX線は電子に捉えられず、**原子核と電子のすき間を通り抜けられる**のです。

　ただし、X線も何でも透過できるわけではありません。人体でいうと、皮膚や筋肉など水分が多いところは透過しますが、骨のように中身が詰まっている組織は透過できません。X線撮影では、このしくみを利用して、黒く写っているところはX線が透過した部分で、白く写っているところはX線が透過できなかった部分となるため、骨とそれ以外などを見分けられるのです〔図1〕。

　CTスキャンも基本は同じしくみ。X線管が体の周りを回転しながら撮影し、画像処理をして画像をつくっています〔図2〕。

体の中でも骨はX線を通さない

▶X線撮影の原理〔図1〕

X線管から出たX線が、体を通り抜けてフィルムに影絵のような像を映し出す。

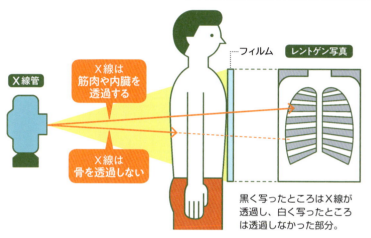

黒く写ったところはX線が透過し、白く写ったところは透過しなかった部分。

▶CTスキャンの原理〔図2〕

CTスキャンでは、X線管が体の周りを回転しながら撮影する。この図のようにX線管が螺旋状に回転するものは、ヘリカルスキャンと呼ばれる。

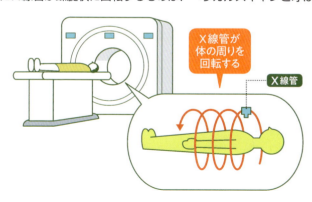

43 コピー機はどうして コピーができるのか？

なるほど! **光と静電気のしくみ**を利用して、正確にモノを写し取っている！

　書類を正確に写し取るコピー機。日常的に使われているものですが、このしくみはどういったものなのでしょうか？

　コピー機は、最初にカメラのようにレンズを使って原稿の画像を写し取ります。画像は、レンズの下にある**感光体**というものに記録されます。感光体とは、**光のないところでは表面に静電気をため、光が当たると静電気を逃がすという性質**をもつ部品です。

　感光体の表面は、－の静電気を帯びています。そこに原稿の画像を写した光が当たります。原稿の白い部分からの光は強いので、光が当たった部分は静電気を逃します。一方、原稿の黒い部分からの光は弱いので、その部分には－の静電気が残ります。

　ここにトナーをふりかけます。**トナーは、炭素とプラスチックからできた細かい粒で＋の静電気を帯びています**。そのため、感光体の－の静電気の残ったところ（原稿の黒い部分からの光が当たったところ）に吸いつきます。

　感光体に再現されたトナーの図柄を、再び静電気を利用して紙に写し取ります。ただし、このままだと紙からトナーが落ちてしまうので、熱で焼きつけてはがれ落ちないようにしています。このようなプロセスを経て、コピー機からコピーされた紙が出てくるのです。

静電気を利用して紙に写し取る

▶コピー機のしくみ

コピー機では、感光体の光が当たらない部分に−の静電気が残る（❶＋❷）。そこに＋の静電気を持ったトナーが吸いつく（❸）。

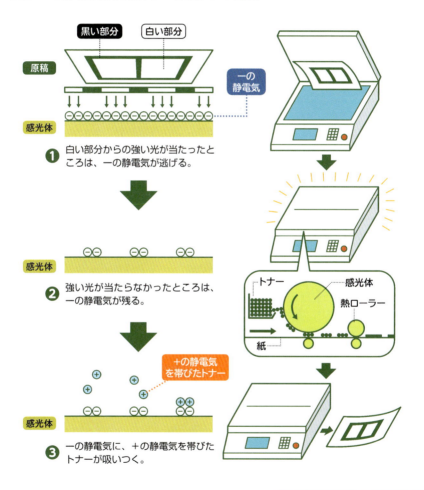

静電気で感電死することってあるの?

ある or ない

空気が乾燥した冬、室内でドアノブに触れたとき、指先にビリッとくることがありますよね。これは、静電気のしわざなのです。ビリッとくるときはドキリとして、心臓に悪い感じがしますが、この静電気で感電死まですることはあるのでしょうか?

そもそも、**静電気**とは何なのでしょうか? ざっくりいうと、ある物質が＋あるいは－の電気を帯びることを**「帯電」**といい、静電気がたまっている状態ということができます。

この帯電した状態で金属のドアノブに触れると、体に溜まった電気が指先からドアノブに一気に流れます。帯電したものから電気が

流れる現象を「**放電**」といい、これが静電気の正体なのです。

　電気の強さは**電圧**と**電流**で表されます。電圧と電流を川の水量に例えると、電圧は落差、電流は水の量といえます。たとえ高いところから水がちょろちょろと流れても、体に衝撃はありませんが、反対に、落差がなくても水がドーっと流れてきたら、体に大きな衝撃がかかります。**人体への影響は、電圧ではなく電流で決まる**のです。

　衣服にたまった静電気が放電するときは、電圧が数千ボルトに達します。しかし、電流は数マイクロアンペアと小さいので、瞬間的に不快を感じるだけで、ショックで死ぬようなことはありません。

　ただし、感電死するような強い静電気も存在します。それは、雷です（➡P68）。

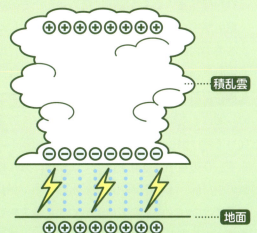

▶ **雷は静電気**

積乱雲の底の方に－の電気がたまると、それに引かれて地面には＋の電気が集まり、落雷が起こりやすくなる。

　雷の電圧は数千万～２億ボルト、電流は数万～数十万アンペアに達するといわれます。一瞬でも、これほど強い電流・電圧を受けたら、感電して死ぬことがあります。

　ですので、正解は「ある（雷レベルの静電気なら）」になります。

44 どうして電池から電気が生まれるのか?

電解液の中に、電線でつないだ**2本の電極**を入れて、電気を起こしている!

　うすい塩酸の中に、電線でつないだ銅板と亜鉛板を入れると、電気が起こります。うすい塩酸のはたらきをする液を**「電解液」**、銅板と亜鉛板は**「電極」**といいます。これが電池のしくみなのですが、これを持ち運べるように缶に詰め込んだものが、乾電池なのです。

　電気が生まれるしくみを、もう少しくわしく見ていきましょう。すべての物質は原子が集まってできており、電極の亜鉛板も無数の亜鉛原子からできています。この亜鉛原子は、**電子という－の電気を帯びた粒**をもっています。うすい塩酸の中では銅は溶けず、亜鉛のみ溶けるため、亜鉛板から亜鉛原子が＋の電気を帯びたイオンとなって溶け出します。そのときに、亜鉛原子は電子を2つ切り離します。この電子は電線を伝って、銅板の方へ移動していきます。塩酸の中には、＋の電気を帯びた水素イオンが含まれています。この水素イオンが、銅板の方に流れてきた電子を受け取り、水素になります。＋の電気を帯びた水素イオンと、－の電気を帯びた電子が合体するわけです。

　銅板の中から電子がなくなると、また亜鉛板から電子がやってくる…、このようにして**途切れることなく電子が流れることで、電気が起こる（＝電流が発生する）**ということなのです。

電極から生じる電子の流れが電気に

▶ 電池のしくみ

電池は電解液と2本の電極からできている。塩酸、亜鉛、銅板などの化学反応で生まれる電子が途切れず流れることで、電流として取り出される。

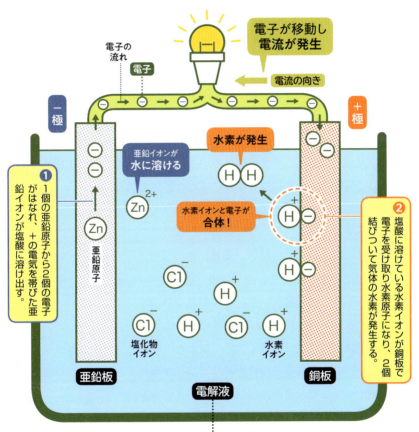

まだまだ広がる 物理のあれこれ 2章

45 発電所が作った電気は何分で家まで届く？

なるほど! 電線には**自由電子**が満ちていて、スイッチを入れると**瞬時に**電気が流れる！

　発電所で電気が生まれてから家庭に届くまでに、いったいどれくらいかかるのでしょうか？　答えは**「一瞬」**です。

　そもそも電線には**自由電子**が満ちています。自由電子とは、金属などの物質内を自由に動き、電気などを伝導する役割をもつもの。家電製品のスイッチを入れたという情報が伝わると、**自由電子が動いて電気の流れとなり、瞬時に電力が供給される**のです。

　それでは、発電所はどんなタイミングで、またどれくらいの量の電気をつくるようにしているのでしょうか？

　発電所がつくる電気は**「交流」**といって、電流の＋－の向きが1秒間に何十回も変化しています〔**図2**〕。この電流の向きの切り変わる回数を**周波数**といい、ヘルツという単位で表します。

　発電量が消費量に比べて大きくなると、電圧も周波数も高くなり、消費量が発電量に比べて大きくなると、電圧も周波数も低くなります。もし、発電量と消費量のバランスが崩れて、どちらかが極端に大きくなると、家電製品は壊れてしまいます。

　そこで電力会社は、真冬の寒くなりそうな日には暖房器具の使用が増えると予測し、発電所の出力を上げるなどして発電量を増やすなど電圧や周波数を調整しているのです。

発電所がつくる電気のしくみ

▶ 電気はためておけない〔図1〕

電気はためておけないので、予測した消費量に合わせて発電されている。

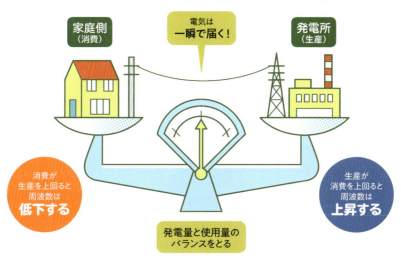

▶ 直流と交流〔図2〕

電気には、直流（電流の向きは一定）と、交流（＋－の向きが頻繁に変化する）がある。

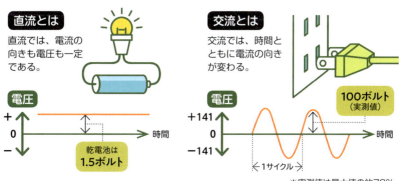

※実測値は最大値の約70％

46 LEDは普通の電球とどこがちがう?

なるほど! 電球は**熱**によって発光するが、LEDは**電気がぶつかって発光**する!

LEDは、白熱電球や蛍光灯よりも少ない電力で光り、寿命も長いので、広く使われるようになりました。モノが自分で光を出して光ることを**「発光」**といいます。LEDと普通の電球(白熱電球)では、この発光のしくみがちがうのです。

電球は、「熱」によって発光します。電熱器のスイッチを入れると、電流によってニクロム線が熱くなります。はじめのうちは暗い赤色ですが、さらに温度が上がると、明るく赤い光を出します。このように、金属などを熱したとき、一定の温度を超えると、明るい光が出るようになります。電球は、電流により電球の中のフィラメントという金属の線が熱せられることで発光しているのです〔図1〕。

LEDは、正式には**「発光ダイオード」**といい、**p型**、**n型**と呼ばれる2種類の半導体を張り合わせたものです。半導体というのは、条件によって電気を通したり、通さなかったりする固体の物質のこと。p型半導体では+の電気を、n型半導体では−の電気を流すようになっています。

LEDにスイッチを入れると、p型とn型の境目で**+と−の電気がぶつかり、エネルギーの多くが光に変わり、発光**します〔図2〕。電球のように熱で発光するのではないのです。

LEDでは半導体の接合面が発光

▶電球のしくみ〔図1〕

電球は、ニクロム線が高温に熱せられて黄色～白色に発光する。

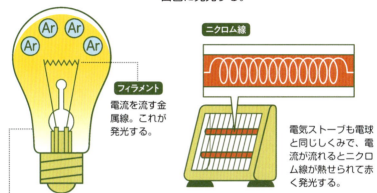

フィラメント
電流を流す金属線。これが発光する。

電気ストーブも電球と同じしくみで、電流が流れるとニクロム線が熱せられて赤く発光する。

フィラメントを長持ちさせるため、ガラス球にはアルゴン（Ar）などが入っている。

▶LED電球のしくみ〔図2〕

p型とn型の境目（接合面）で＋と－の電気がぶつかる。このときのエネルギーの多くが発光する。

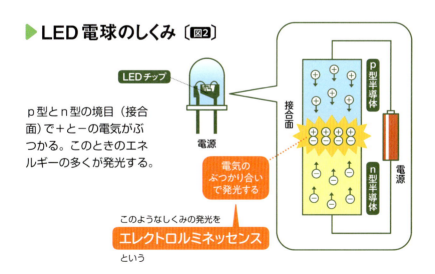

電気のぶつかり合いで発光する

このようなしくみの発光を
エレクトロルミネッセンス
という

127　まだまだ広がる 物理のあれこれ 2章

もっと知りたい！
選んで物理学
⑥

Q 自転車発電で1日中こげば スマホは100％充電できる？

充電できる　or　充電できない

自転車には、ライトを点灯するためのダイナモ（発電機）がついています。これを使えば、電気代タダでスマホの充電ができるのでは？　でも、実際はどうなのでしょうか。1日こげば、スマホを動かすのに十分な電気が得られるのでしょうか？

　自転車の**発電機**は、昔は前輪に接触して発電機を回転させるタイプが普通でしたが、最近は前輪の車軸部分に内蔵されたタイプが多くなりました。どちらも、**電磁誘導**を利用したもので、基本的なしくみは発電所の発電機と同じです（➡P136）。
　夜道で自転車をこぐとわかりますが、速くこぐほどライトは明る

くなります。つまり、**自転車を速くこげばこぐほど、大きな電流を取り出せるのです**。この足こぎ発電は、すでにスマホ充電にも活用されており、スマホの充電器に接続できる発電機も売られています。

▶ 自転車のダイナモ（発電機）のしくみ

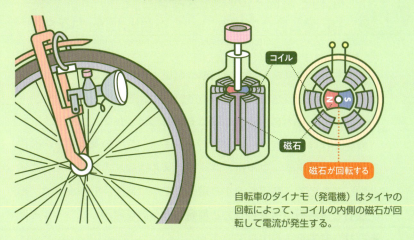

自転車のダイナモ（発電機）はタイヤの回転によって、コイルの内側の磁石が回転して電流が発生する。

　この足こぎ発電機で、スマホのフル充電に挑戦した実験があります。しかし、約30分かけてバッテリー残量を15％まで増やしたところで、脚の疲労からギブアップ。このときの足こぎ発電機は、毎秒1.5回転以上連続してこがないと十分な電力を得られず、自転車のようにこぐのを休んで惰性で走るというわけにはいきません。このことが大きな壁となったようです。

　上記の実験結果からわかるように、理論的には、1日こぎ続ければスマホのフル充電など楽勝です。ですので、正解は「充電できる」になります。ただし、先ほどの実験では30分こぎ続けて15％の充電。体力勝負の面があり、なかなかキツイようです。

47 モーターって何なの？なぜ電気を流すと動く？

なるほど! 磁石と電磁石の「**引き合う力**」と「**反発し合う力**」でコイルを回し回転力を生む！

　おもちゃから家電製品、自動車や電車にいたるまで、身の回りにはモーターを使った製品があふれています。モーターは、なぜ、どのようにして動力を生み出しているのでしょうか？

　模型工作などで使う一般的なモーターは、2つの**永久磁石**の間にコイルがあります。コイルとは、エナメル線などの電線をくるくると巻いたもので、電流を流すと電磁石になります。モーターは、**永久磁石と電磁石の引き合う力と反発し合う力を利用**してコイルを回転させ、動力を生み出しています。

　モーターは、界磁石（2つの永久磁石）、コイル（電機子）、ブラシ、整流子の4つのパーツがありますが、このうち整流子のはたらきに注目すると、モーターが回転するわけがよくわかります。

　まず左から来た電流がブラシ→整流子→コイルに流れ、電磁石となったコイルの右図Ⓐ（緑色）がN極になります。このN極は界磁石のS極に引かれ、回転力が生まれます〔右図❶〕。

　そのまま**慣性**で回転し〔右図❷〕、次に整流子がブラシと接触するとき、先ほどと逆向きの電流が流れます〔右図❸〕。コイルのAはS極となり、界磁石のS極に反発。N極に引かれ、さらに回転を続けます。この工程が続くことで、モーターは回転し続けるのです。

コイルはS極とN極に交互に変わる

▶ モーターのしくみ

モーターは、コイルが電磁石としてS極になったり、N極になったりすることで、永久磁石に引き合う力、反発する力ができ、回転力が生まれる。

❶

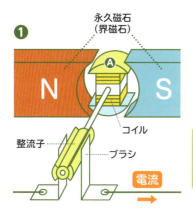

電流がブラシ➡整流子➡コイルへ流れ、コイルは電磁石となる。Ⓐの部分がN極となって、永久磁石のS極に引かれて回転する。

❷ 慣性で回る

整流子の電気を通す部分が、ブラシに接触していないためコイルに電流は流れないが、コイルは慣性で回り続ける。

❸ 電流で回る

整流子がブラシに接触し、コイルには❶と逆向きの電流が流れる。ⒶはS極となり、永久磁石のS極に反発し、回転力が生まれる。

まだまだ広がる 物理のあれこれ 2章

48 磁石はどうして鉄をくっつけるのか？

なるほど！ 鉄の中には**分子磁石**があり、磁石が近づくと、この**分子磁石が整列**して磁石になるため！

　鉄を引きつける**「磁石」**。さまざまなものに活用されていますが、そのしくみはいったいどうなっているのでしょうか？

　磁石は片方にN極、もう片方にS極があります。1本の棒磁石を半分に切ると、半分に切ったそれぞれがN極とS極を持つ2本の棒磁石になります。さらに細かく、果ては分子や原子のサイズにまで小さくしたとしても、その一つひとつは磁石の性質を持っています〔**図1**〕。つまり、**磁石は内部に小さな磁石を無数に持っていて**、その一つひとつが磁石の性質を持っているということなのです。これを**分子磁石**（または**原子磁石**）といいます。

　さて、棒磁石は鉄でできています。同じ鉄でも釘は磁石ではありませんが、実は釘の中にも無数の分子磁石が存在しているのです。釘の中では分子磁石がバラバラな方向を向いていて、互いに磁力を打ち消し合っているため、釘は磁石にならないのです。

　棒磁石を釘に近づけると、釘の中の分子磁石が反応して、**いっせいに向きを変えて一つの方向に並び**、磁石としての性質を発揮します〔**図2**〕。棒磁石のN極を釘の頭に近づけたときは、釘の頭がS極に、S極を釘の頭に近づけたときは、釘の頭がN極になり、互いに引き合うのです。こうして、磁石は鉄を引きつけているのです。

鉄には分子磁石が無数にある

▶棒磁石を細かく切っていくと……〔図1〕

棒磁石を細かくしていくと、細かく分かれた数だけ磁石ができる。
磁石の中には無数の小さな磁石があるのである。

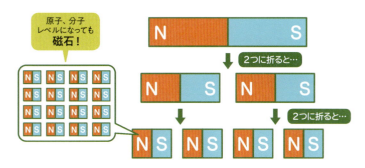

▶釘の中の分子磁石の向き〔図2〕

磁石が離れているときは釘の中の分子磁石の向きがバラバラだが、磁石が近づくと一方向にそろい、釘も磁石になる。

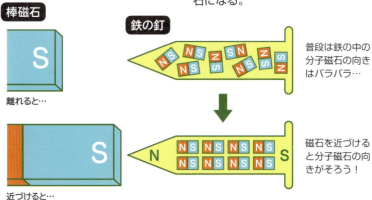

まだまだ広がる 物理のあれこれ 2章

もっと知りたい！
選んで物理学 ⑦

Q 北極で方位磁石のN極はどこを向く？

上を向く or **下を向く** or **くるくる回る**

実は地球は、北極をS極、南極をN極とする巨大な磁石です。そのため、方位磁石のN極の針はS極（北極）に引かれ、北の方角がわかるというしくみです。だとすると、方位磁石を北極に持っていくと、針のN極はどこを指すことになるのでしょうか？

　巨大な磁石である地球の周りには、**南磁極**から**北磁極**に向かう**磁力線**が取り巻いています（右図）。方位磁石は、この磁力線に沿って南北を指すようにできています。赤道のあたりではほぼ水平（右図 Ⓐ）になりますが、北に向かうにつれて下を向くようになります（右図 Ⓑ）。

134

▶地球を取り巻く磁力線

磁力線に沿って、方位磁石が南北を指す。

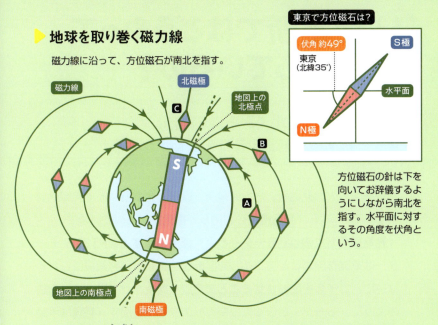

この角度を伏角といい、東京付近では約49度です。さらに北へ行くと伏角はより大きくなり、**北磁極では真下を向きます**（上図 **C**）。

実は、地図上の北極と、磁石としてのS極がある場所は、同じではありません。地図上の北極は、地球が自転するときの軸と地面が交わったところであり、緯度は北緯90度のところにあります。

地球のS極があるところは北磁極といい、地理上の北極とは少しずれたところにあります。しかも、その位置は毎年少しずつ移動しています。2019年の北磁極の緯度は北緯86.4度で、地図上の北極より3.6度ほど南にあります。

つまり、地図上の北極は北磁極と少し離れているので、N極の針はほぼ真下にはなりますが、北磁極のある方向を指します。

ですので、方位磁石は「下を向く」が正解になります。

49 発電所ではどうやって発電しているの？

なるほど！ モーターのしくみと逆の発想。
コイルの回転で電流をつくっている！

　電気は、火力発電所、水力発電所、原子力発電所などで発電されます。そこでは、「発電機」を利用して電気を起こしています。

　発電機のしくみは、モーターとよく似ています（➡P130）。モーターは電流を流すことでコイルを回転させますが、発電機はこれとは逆に、**コイルを回転させることで電流を発生**させています。図1のように、モーターとよく似たつくりの発電機を回す（図1は手動で）ことで、電流を発生させているのです。

　どの発電所でも、火力、水力などの力によって発電機を回転させることで、発電しているのです。

　例えば火力発電所では、石炭や石油で水を温めて沸騰させ、**蒸気の力でタービンを回転**させ、その回転を発電機（これがモーターに類するもの）に伝えて電気を起こします〔図2〕。原子力発電所では、ウランを核分裂させ、そのときに出る熱エネルギーで水を沸騰させて、火力発電と同じようにタービンを回して電気を起こします。

　火力・原子力以外のエネルギーを自然エネルギーといい、これらを利用した発電も増えています。地熱発電では、マグマの熱によってできた蒸気を取り出し、タービンを回して発電します。バイオマス発電は、木くずやゴミ、廃油などを燃料にした火力発電です。

タービン（≒発電機）を回して発電

▶発電機のしくみ〔図1〕

モーターを手動で回すことで電気を生み出すことができる。

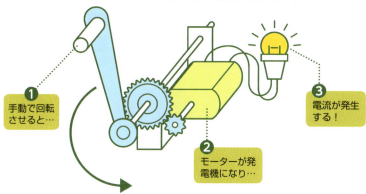

▶火力発電のしくみ〔図2〕

火力発電所では石炭や石油を燃やして水を沸騰させ、その蒸気でタービンを回転させて発電する。

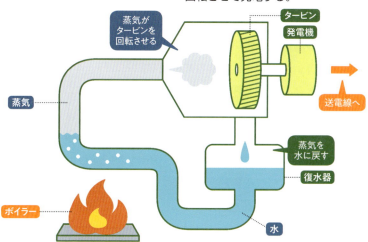

50 なぜガソリンを入れると自動車が動くのだろう?

なるほど! 混合気体の膨張でピストンを動かし、往復運動を回転運動に変えて車は動く!

　電気自動車も実用化されてきましたが、今のところまだ自動車の主な動力といえばガソリンエンジンですね。このしくみはどうなっているのでしょうか?

　そもそもガソリンとは、**引火点が低く、揮発性の高い液体**のこと。つまりは爆発的に燃えやすい液体ですね。**この液体と空気を混ぜた混合気体を燃焼**させて、エンジンの動力にしているのです。

　自動車に搭載されるガソリンエンジンは、シリンダーの内部で混合気体を燃焼させ、そのエネルギーを動力にしていることから、**内燃機関**と呼ばれます。四輪車のガソリンエンジンは、「**❶吸気　❷圧縮　❸燃焼・膨張　❹排気**」の4つの工程〔右図〕によって成り立ちます。4つの工程により成り立つことから、4サイクル(ストローク)エンジンと呼ばれています。

　右図のような一連のピストンの**往復運動**は、コンロッド(連結棒)からクランクシャフトに伝わり、**回転運動**に変わります。この回転運動が歯車を介して車軸に伝わり、タイヤが回転します。こうして、ガソリンエンジンの自動車は走るのです。ちなみに、電気自動車はざっくりいうと、動力がガソリンエンジンから電気モーターへと変わったものです。

燃焼がクランクシャフトを回転させる

▶ガソリンエンジンのしくみ

ガソリンエンジンは、❶吸気 ❷圧縮 ❸燃焼・膨張 ❹排気の4つの動きでクランクシャフトを回転させている。

❶ **吸気** 吸気バルブが開いてガソリンと空気の混合気体がシリンダーに入る。

❷ **圧縮** クランクシャフトが回転し、それにともなってコンロッドの先のピストンが混合気体を圧縮。

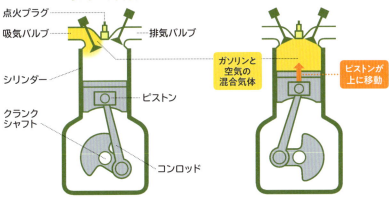

❸ **燃焼・膨張** 点火プラグで混合気体に着火、一気に膨張し、圧力でピストンが下がる。

❹ **排気** 排気バルブが開いて、燃焼でできた気体が吐き出され、工程は❶に戻る。

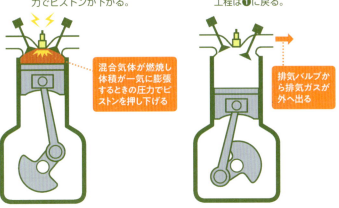

まだまだ広がる 物理のあれこれ **2章**

空想科学特集 7

永久に動き続ける機械

球の力で回る車輪 車輪の回転とともに転げ落ちる球の重さで、車輪は永久に回転し続けるか？

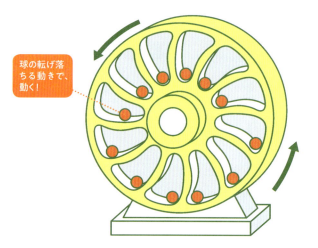

球の転げ落ちる動きで、動く！

　「永久に動く機械」は、**外部から力を加えなくても動き続ける装置**ということで、**永久機関**と呼ばれます。もし、加えるエネルギーなしで動き続ける機械が実現できたら、エネルギー問題は解決します。2つのアイデアをもとに、これが可能かどうかを考えてみましょう。
　上図は**球の力で回り続ける車輪**です。最初に車輪を一押しすると、車輪の左半分では、球が転がり落ちて車輪を回転させる力が生まれ、球は次々に転がり落ちるので車輪は永久に回転しそうです。
　右図は**磁石と鉄球の滑り台**。強力な磁石に鉄球は引き寄せられて斜面を上がっていき、くっつく直前に穴から落ちてカーブした斜面を転がり落ちていきます。そして、下の穴から顔を出し、再び磁石に引き寄せられ滑り台を上っていき…これを繰り返します。

をつくることはできる？

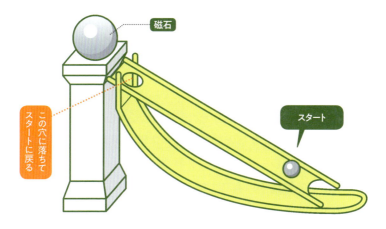

磁石と鉄球の滑り台 　磁石に引き寄せられた鉄球は穴から落ちて再び滑り台に戻り、繰り返し滑り台を上り続けるか？

磁石

この穴に落ちてスタートに戻る

スタート

　これらが永久に動き続けるかどうか見ていくと、前者では車輪と車軸の間にはたらく摩擦により、回転エネルギーが少しずつ失われ、車輪は止まってしまいます。後者では、滑り台の下の鉄球を引き寄せるほど強力な磁石だったら、鉄球は直前に穴があっても落ちることはなく、磁石に張り付いて動かなくなります。磁力の強弱を調整できればいいのですが、それは電磁石でなくては不可能。

　結論をいうと、**永久機関は物理学の法則が実現を許してくれません**。とくに車輪は惜しいですが、このような永久機関が原理的に不可能であることは、19世紀に確立された熱力学の法則によって明らかにされているのです。どんな機械でも、エネルギーの一部は必ず摩擦などで失われてしまうためです。

51 体温計はどうやって体温を計測しているの？

なるほど! おなじみの水銀体温計は**熱膨張**で測り、電子体温計は**センサー**で予測している！

体温計は、どうやって体温を測るのでしょうか。昔から使われてきた水銀体温計と、電子体温計それぞれのしくみを見てみましょう。

物質は、**温度が上昇すると膨張する＝体積が増えます**（→P62）。猛暑の日に鉄道のレールが曲がり、電車が走れなくなることがありますが、これも**熱膨張**の例ですね。温度が上がるにつれて水銀の体積が規則的に増える現象を、水銀体温計は利用しています。

体温を脇の下で測るとき、水銀は徐々に上がっていき、数分測り続けると上昇がストップします。その温度が正しい体温で**「平衡温」**といいます。水銀体温計には、水銀のたまったところと体温を示す部分の管の間に細くくびれた部分**「留点」**があります。留点を通過した水銀は、**強い表面張力のために元に戻れなくなる**ので、一度上がった水銀は下がりません〔図1〕。

一方、電子体温計は、温度によって**電気抵抗**が変化する、サーミスタという温度センサーを使って体温を測ります。電子体温計を脇の下に挟むと、皮膚の体温を検知した**サーミスタ**の電気抵抗が変化。多くの電子体温計は、その値をもとに**内蔵するマイクロコンピュータで正しい体温を予測**し、よりてっとり早く体温を表示しているのです〔図2〕。

水銀と電子で"しくみ"がちがう

▶ 水銀体温計のしくみ 〔図1〕

水銀体温計は、水銀の体積の膨張によって温度を測る。

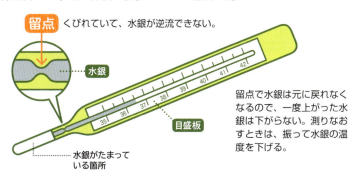

留点 くびれていて、水銀が逆流できない。

水銀

目盛板

水銀がたまっている箇所

留点で水銀は元に戻れなくなるので、一度上がった水銀は下がらない。測りなおすときは、振って水銀の温度を下げる。

▶ 電子体温計のしくみ 〔図2〕

サーミスタとは、温度の変化で電気抵抗が変化する電子部品。電子体温計には、平衡温に達するまでの温度の上昇パターンデータがあり、そこから最終的な体温を予測する。

サーミスタを内蔵

内部のマイクロコンピュータが体温を予測する

測りはじめの温度の上昇から30秒ほどで体温を予測

計算で平衡温を予測

予測値

実測値

温度

平衡温

時間

検温開始　30秒　10分

52 冷蔵庫が冷えるのはどういうしくみ？

なるほど！ 「**気化**」という現象を利用して、庫内の**空気から熱を吸収**している！

　注射をするとき、皮膚をアルコールで拭いて消毒しますが、そのときスーッと冷たく感じますよね？　これは、アルコールが**気化（蒸発）するとき、皮膚から熱を吸収するために起こる現象**です〔図1〕。液体が気化するときには多くの熱が必要で、アルコールは皮膚からこの熱を吸収しているのです。

　冷蔵庫は、このしくみで庫内を冷やしているのです。アルコールではなく**「イソブタン」**というガスを使っています。イソブタンは、温度や圧力の変化で気体になったり液体になったりする物質です。

　冷蔵庫の中と外にはパイプがめぐらされていて、そのパイプの中にイソブタンが入っています。庫内を冷やすときは、液体のイソブタンを気化させます。このとき、アルコールが皮膚から熱を吸収するように、イソブタンは**庫内の空気から熱を吸収**しているのです。

　気体になったイソブタンの通るパイプは、冷蔵庫の外で、コンプレッサー（気体を圧縮する装置）につながっています。ここに送られてきたイソブタンは、圧縮されて液体に変わります。このとき、冷蔵庫内の空気から吸収した熱が、パイプに接する周囲の空気中に逃げていきます。液体になったイソブタンは再び庫内に戻りますが、この繰り返しで冷蔵庫は冷えるのです〔図2〕。

気化現象が冷蔵庫内から熱を奪う

▶気化の身近な例〔図1〕

アルコールが気化するとき、皮膚から熱を吸収するので冷たく感じる。

アルコールを肌にぬると…。

アルコールが気化するときに、肌から熱を吸収する。

▶冷蔵庫の基本的なしくみ〔図2〕

冷蔵庫の中と外をめぐるパイプにイソブタンというガスが入っている。このガスが液体に変わったり気体に戻ったりすることで、庫内の熱を外に運び出している。イソブタンのようなはたらきをする物質を冷媒という。

イソブタンが気化し、このとき庫内の空気から**熱を吸収する**

冷却器

キャピラリーチューブ

コンデンサー

庫内で吸収した熱を外に逃がす

イソブタンが気化しやすいように**圧力を下げる**

気体のイソブタンを**圧縮して液体にする**

コンプレッサー

もっと知りたい！選んで物理学 ⑧

Q モノは−1,000℃まで冷やせる？ 冷やせない？

冷やせる or 冷やせない or もっといける！

ろうそくに火をつけると、いちばん熱いところは約1,400℃にもなります。もっと熱いものもたくさんあります。それでは、冷たいものはどのくらいまで冷やせるのでしょうか？ −1,000℃くらいまで、冷やすことはできるでしょうか？

　ろうそくの炎だけでなく1,000℃を超えるものはたくさんあります。製鉄所の溶鉱炉の中は約1,600℃、エンジンのシリンダー内の温度は最高で2,000℃を超えるといわれます。宇宙へ行くと、太陽の表面温度は約6,000℃、中心部の温度は1,500万℃もあります。
　温度というのは、**原子の振動の大きさ**を示しています。振動が小

さいほど温度は低く、振動が激しくなるほど温度が高くなります。原子の振動には限りがないので、**理論的には温度の上限はない**と考えられています。

　一方、**温度は低くなるほど原子の振動は小さくなり、最終的にはまったく停止**します。その温度は−273.15℃。この温度のことを絶対零度といいます（ただし量子力学（→P208）においては、**絶対零度でも原子の振動は停止しないとされています**）。

　絶対零度になると、宇宙のあらゆるものが停止するので、この世に−273.15℃以下の低温はありません。したがって、モノを−1,000℃まで冷やすことは、不可能だといえます。

　ということで、正解は、モノは絶対零度以下には「冷やせない」です。

▶ **絶対零度と低温のモノ**

- 0℃ 氷
- −21℃ 食塩水の氷
- アイスクリームが作れる
- −79℃ ドライアイス
- 固体の二酸化炭素
- −196℃ 液体窒素
- −253℃ 液体水素
- −269℃ 液体ヘリウム
- −273.15℃ **絶対零度**

53 低気圧＝天気が悪いのはどうして？

なるほど！ 低気圧の中心は**雲ができやすく**なり、雨が降りやすくなるから！

　高気圧はいいお天気で、低気圧は天気が悪い…。どうして気圧の高低で、天気が決まるのでしょうか？

　気圧は**ヘクトパスカル**（hPa）という単位で表します。低気圧は気圧が何hPaかは関係なく、周囲より気圧の低いところを指します。高気圧はその逆で、周囲より気圧の高いところになります。

　低気圧は、**中心へいくほど気圧が低く**なります。**上昇気流**が発生すると、その後に空気がうすいところ（気圧が低い）が生まれ、周りの空気の濃いところ（気圧が高い）から、中心に向かって風が吹き込むため、どんどん気圧が下がっていきます〔**図1**〕。

　空気は、温度によって含むことのできる水蒸気の量（**飽和水蒸気量**）が決まっています。例えば、1m³（立方メートル）の空気は、15℃のときに12.8gの水蒸気を含むことができますが、温度が下がって5℃になると、6.8gしか水蒸気を含むことができません〔**図2**〕。空気が上昇すると、上空にいくにつれて温度が下がり、ある高さのところまでいくと、空気中に含みきれない水蒸気が小さな水や氷の粒になります。このようにして雲ができます（➡P70）。

　低気圧の中心付近では、このようにして上昇気流から雲ができやすく、そのため天気が悪くなり、雨が降りやすくなるのです。

気温が下がると水粒が発生する

▶ 低気圧で雲ができるしくみ〔図1〕

低気圧では上昇気流が発生するので、中心に向かって周囲から風が吹き込み、雲ができる。

空気は**気圧の高いところ**（空気が濃いところ）から**気圧の低いところ**（空気がうすいところ）へと移動する。

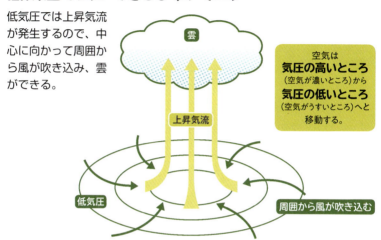

▶ 飽和水蒸気と雲の関係〔図2〕

空気が上昇して温度が下がると、含みきれなくなった水蒸気が小さな水滴や氷の粒になる。これが空気中に浮かんだものが、雲になる。

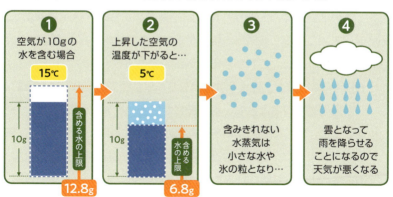

54 台風って何？ 普通の低気圧とちがう？

なるほど！ 熱帯で生まれた**熱帯低気圧**が、**風速17.2m**を超えると台風に！

　気象庁によると、台風とは、「北西太平洋（赤道より北で東経180度より西の領域）または南シナ海に存在し、なおかつ低気圧域内の最大風速（10分間平均）がおよそ17m/s（34ノット、風力8）以上のもの」と定められています。

　さて、台風は何かというとざっくりと**「巨大な熱帯低気圧」**と認識すればOKです（→P148）。

　熱帯低気圧とは、**熱帯で生まれる低気圧**のこと。熱帯の熱い海上では、水蒸気をたくさん含んだ熱い空気が海からたちのぼります。この空気は軽いので上昇気流が生まれ、その後に空気のうすいところ＝低気圧が発生します。

　この低気圧に、周囲から風が渦を巻きながら吹き込んできます。そして、この風も低気圧の中心付近で水蒸気をたくさん含んだ上昇気流となります。これが熱帯低気圧の発達するしくみです。ここから積乱雲が生まれ、巨大な雲の渦をつくり上げていくのです〔図1〕。

　台風は進路の右と左で、風の強さがちがいます。台風の右側（東側）では、中心に向けて吹き込む風と台風の進む力が合わさり、風は強くなります。これとは逆に左側（西側）では、吹き込む風が台風の進む力で打ち消されるため、東側より風は弱くなります〔図2〕。

台風のもとは熱帯低気圧

▶熱帯低気圧の発生〔図1〕

台風ははじめ、赤道の北の海上で、熱帯低気圧として発生する。

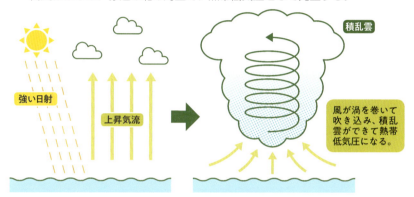

赤道の強い日差しが海にあたり、このあたりの空気が温められ、空気がうすくなって上昇気流が発生する。

空気がうすくなったところに周囲から風が吹き込む。

風が渦を巻いて吹き込み、積乱雲ができて熱帯低気圧になる。

▶台風は左右で風速がちがう〔図2〕

台風の進行方向の右側は、左側に比べて風が強くなる。右側では台風の進む力と、中心に吹き込む風の速度が合わさるからだ。

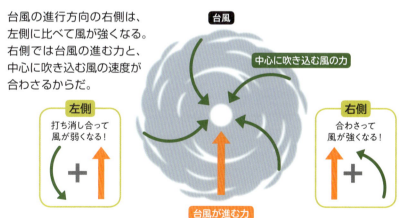

151　まだまだ広がる 物理のあれこれ **2章**

物理の偉人 ②

逸話に彩られた科学の父
ガリレオ・ガリレイ
（1564 - 1642）

　太陽の周りを地球やほかの惑星が回っているという「地動説」を強く主張したガリレオ・ガリレイ。多くの物理学の新発見をしましたが、発見にひもづく逸話には、少しずつ事実と異なる部分があるというのです。

　例えば、72ページで紹介した「落体の法則」。ガリレオは、ピサの斜塔の上から鉄球を落としてみせたといわれています。しかし、これは後世につくられた話で、実際には、傾けたレールを使って、鉄球の動きを観察して発見したのだそうです。

　また、振り子の周期（往復にかかる時間）は、振り子の（ひもの）長さが同じなら、振り子の重さや振れ幅とは関係なく等しいという「振り子の等時性」。ガリレオが大聖堂で揺れるシャンデリアを見て発見したといわれていましたが、これも後世につくられた逸話。ガリレオの発見が偉大だったことから、口コミでうわさが伝わるうちに、このような尾ひれがついていったのかもしれませんね。

　ちなみに、「地動説」は当時のキリスト教の考え方に背くため、ガリレオは裁判にかけられて有罪とされました。しかし、この裁判が誤りであったことは、彼の死後350年後に公式に認められました。

　1992年、ローマ教皇ヨハネ・パウロ２世がガリレオに謝罪し、大きなニュースになりました。これは実話です。

3章

最新技術と物理の関係

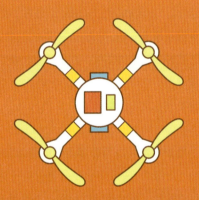

GPSやリニアモーターカー、ドローンなど、
さまざまな最新技術にも、
物理のしくみは生かされています。
物理に限らず科学的な話にも触れながら、
最新技術と物理の関係を見ていきましょう。

55 なぜ位置がわかるの？GPSのしくみ

なるほど！ 3基のGPS衛星と受信機との距離を求めることで自分（受信機）の位置がわかる！

　人工衛星を利用して、自分が地球上のどこにいるかを調べるしくみを、**衛星測位システム**といいます。**GPS**（Global Positioning System）は、アメリカが開発した衛星測位システムで、最初は軍事用に使われましたが、後に民間にも開放され、自動車、飛行機などが自分の位置を知るのになくてはならないものとなっています。

　GPSの衛星は、高度約20,000kmの**6つの軌道上に4基ずつ配置**され、予備を含めて約30基が地球を周回しています〔図1〕。自分がいる位置を知るためには、最低4基の衛星の電波を受信する必要がありますが、GPSでは地球のどこにいても4基以上の衛星の電波を受信できるようになっています。

　三角錐で底面の三角形の形が決まっているとき、**底面以外の3つの辺の長さがわかれば4つ目の頂点の位置はおのずと決まります**。これを利用し、3基のGPS衛星から発信する電波を受信機（車やスマホなど）で受信。電波受信にかかった時間を測り、受信機と衛星までの距離を求めて、受信機の位置を割り出すのです〔図2〕。

　原理としては、3基の衛星で自分の位置がわかるのですが、4基からの電波を受信することでさまざまな補正が行われ、正確な位置を割り出します。

地球を30基のGPS衛星が周回

▶ 地球の周囲を回るGPS衛星〔図1〕

GPS衛星は、6つの軌道上に4基ずつ計24基が配置され、予備も含めて約30基が周回している。

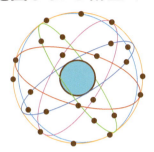

地球上のどこにいても、このうちの少なくとも4基の衛星の電波を受信できる位置関係で衛星は飛んでいる。

▶ GPSのしくみ〔図2〕

原理としては、3基の衛星までの距離から位置を割り出している。

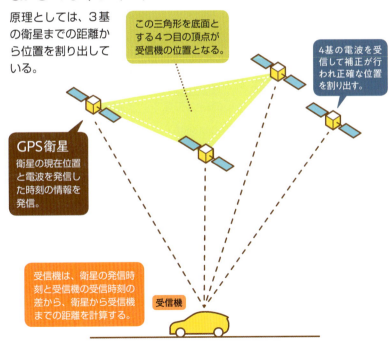

この三角形を底面とする4つ目の頂点が受信機の位置となる。

4基の電波を受信して補正が行われ正確な位置を割り出す。

GPS衛星
衛星の現在位置と電波を発信した時刻の情報を発信。

受信機は、衛星の発信時刻と受信機の受信時刻の差から、衛星から受信機までの距離を計算する。

受信機

56 すばる望遠鏡を超える？ 超高性能望遠鏡の開発

なるほど！ すばる望遠鏡とハッブル宇宙望遠鏡の後継機が開発されている！

　宇宙はいつどのようにしてできたのか？　生物が住める惑星は見つかるだろうか？　こうした問いに答えるためには、すばる望遠鏡やハッブル宇宙望遠鏡以上の性能を持つ望遠鏡が必要になります。

　そこで**次世代の超高性能望遠鏡**の開発が始まっています。日本は、アメリカ、カナダ、中国、インドと共同で**TMT**という望遠鏡を計画しています。TMTは英語のThirty Meter Telescopeの略で**「30メートル望遠鏡」**という意味です。

　望遠鏡の性能は、星の光を集める鏡（主鏡）の直径によります。主鏡が大きいほど、遠くの暗い天体でも観測できるようになるのです〔**図1**〕。すばるの主鏡の直径は8.2m、TMTは30mですから、直径は4倍近く、集められる光は約13倍になります。そこに新技術も採用することで、TMTは新月の月面で光っている1匹のホタルを、地球から観測できるほどの性能だといいます。

　アメリカでは、ハッブル宇宙望遠鏡の後継機が計画されています。これは**ジェイムズ・ウェッブ宇宙望遠鏡（JWST）**という名前で、ハッブルのように地球の周回軌道にあるのではなく、地球から見て太陽とは反対側の空間に置かれます。ハッブルの主鏡は2.4m、JWSTは約6.5mですから、とんでもなく高性能だと予想されます。

主鏡の大きさで性能が決まる

▶ 主鏡が大きいと性能が上がる〔図1〕

望遠鏡は、主鏡が大きいほど、たくさんの光を集められて、遠くの暗い星を見つけられる。

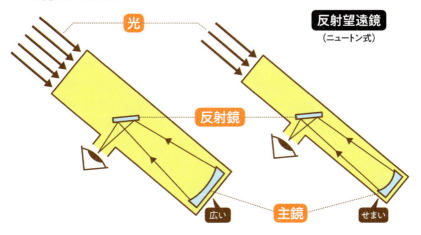

▶ 次世代の超高性能望遠鏡〔図2〕

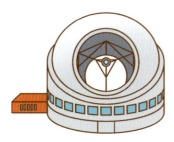

TMTはハワイのマウナケア山頂に建設予定。主鏡の大きさは30mですばる望遠鏡の主鏡の直径の約4倍。

ジェイムズ・ウェッブ宇宙望遠鏡は、ハッブル宇宙望遠鏡の後継機で、主鏡の大きさは約3倍の6.5m。

空想科学特集 8

突然、太陽がなくなっ

地球は太陽に引かれて回る

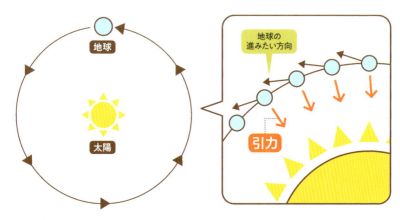

地球は直進しようとするが、太陽の引力に引かれているため、周回している。

　太陽が突然なくなったとしたら、地球はどうなるのでしょうか。もちろん、**大変な寒さが訪れます**。氷河期どころではない寒さで、おそらく人間は生きていけないでしょう。さて、人間よりも地球がどうなるかを、物理学的視点で考えてみましょう。そもそも地球は、およそ秒速30kmで宇宙空間を直進しようとしています。しかし太陽の引力につかまって、引き寄せられているのです。この力がつり合っているために、地球は、太陽から離れることもなく、落ちることもなく、ぐるぐると太陽の周りを**周回（公転）**しているのです。

　太陽がなくなった瞬間、**地球は軌道円の接線方向へ飛んでいきます**。ハンマー投げにたとえて、手が太陽で、鉄球が地球だと考えると、飛んでいくイメージがつくでしょうか。**地球は太陽がなくなる**

たらどうなる?

もし突然太陽がなくなったら…

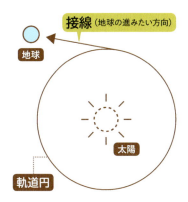

太陽がなくなると、地球は軌道円の接線方向へ飛んでいく。

太陽がなくなると、地球は月を伴ったまま、次の重力圏に出会うまで直線運動を続ける。

直前まで向かっていた方向へ、およそ秒速30kmで直進することになります。

　また、太陽がなくなると地球の公転はなくなりますが、**自転**は続きます。約24時間で1回転することも変わりませんが、1回転したかどうかの判断が、わかりにくくなります。なぜなら真っ暗だからです。月は伴ったままです。ただし見ることはできません。満ち欠けもありません。月が太陽に照らされることがないからです。

　やがていつか、**地球は太陽に代わる天体の重力圏に入ります**。その天体に引き寄せられて衝突するのか、今の太陽と地球との関係のように、地球がその天体の周りを回るようになるのかはわかりませんが、空想が広がりますね。

159　最新技術と物理の関係 **3**章

57 どうやって雨を降らせる？人工降雨のしくみ

なるほど！ 雪のもととなる**ドライアイスやヨウ化銀**を飛行機などでばらまいて、雨粒をつくる！

　人工的に雨を降らせる「**人工降雨**」の研究がされています。水不足の解決に役立ちそうですが、どういったしくみでしょうか？

　まず、雨ができるメカニズムについて。日本などの温帯地方に降る雨の多くは、上空の雲をつくっている水の粒が冷やされて小さな氷の粒（氷晶）となり、この氷晶の周りにさらに水蒸気や水滴がついて雪になり、それが落ちてくる間に溶けて水になったものです〔**図1**〕。氷晶ができるためには、地上から吹き上げられた**細かい塩や泥、火山灰などの微粒子が必要**です。

　そこで、この**氷晶の核となる微粒子**を人工的に雲の中に送り込んで雨を降らせるのが、人工降雨の基本的な考え方です。氷晶の核となる物質は、これまで**ドライアイス**や**ヨウ化銀**が使われてきました。ドライアイスは低温なので氷晶になりやすい、ヨウ化銀は結晶の形が氷や雪に似ているので雪がつくられやすいという特徴があります。

　人工降雨は、飛行機で雲の中にドライアイスなどを撒くのが普通ですが、地上から煙状にして雲に送り届ける方法もあります〔**図2**〕。水不足が深刻なときに行われますが、これらの方法は、雲があるときにしか行えません。ですので、現状では、水不足を解消するような雨は、人工降雨では降らせることができていません。

氷晶の核を人工的に散布する

▶ 雨のでき方 〔図1〕

雨は、小さな氷の粒（氷晶）が雪になり、それが落ちてくる間に溶けて水になったもの。

雲をつくる水の粒は0℃以下でも凍らない（過冷却）。

❶ 微粒子の周りに水の粒が集まる

❷ 微粒子を核として氷晶ができる

❸ 氷晶は成長し雪になる

❹ 雪は気温が高いところまで落ちると溶けて雨粒になる

▶ 人工降雨の方法 〔図2〕

飛行機で、雲の中に核となる微粒子を撒いて氷晶をつくり、雨を降らせる。微粒子にはドライアイスやヨウ化銀を用いる。

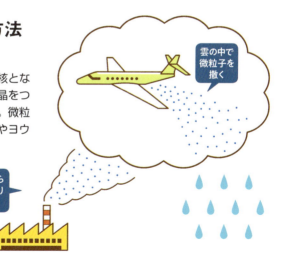

雲の中で微粒子を撒く

ヨウ化銀は地上から煙状にして雲に送り届ける方法もある

58 電気抵抗がゼロ？超電導ケーブルのしくみ

> **なるほど！** 超電導とは、**電気抵抗がゼロになる**現象。エネルギーを一切ムダにしなくてよくなる！

　発電所から電線（ケーブル）で送電するとき、電線の金属には電気抵抗があるので、流れる電流が熱に変わり、エネルギーの一部が失われます。これを**「送電ロス」**といい、送電の距離が長くなるほど抵抗が大きくなり、送電ロスも大きくなります。

　ちなみに、日本では約5％の送電ロスがあるといわれています。この送電ロスを世界規模でなくせば、世界のエネルギー問題の多くが解決されるのではといわれています。

　さて、特定の金属などの物質を非常に低い温度にすると、**電気抵抗がゼロになる現象**があり、これを**「超電導（超伝導）」**といいます。もし、電線を超電導の状態に保てれば、送電ロスは大幅に減ります。各国では超電導送電の研究が行われ、これまでに－196℃の液体窒素を用いて冷やす超電導ケーブルが実現しています。

　ただし、長距離に及ぶケーブルを冷やし続ける設備には、多額の費用、事故やトラブルの対策など解決すべき課題があり、まだ試用段階です。でも、実用化された暁には、晴天が続く砂漠で太陽光発電した電気を世界に送り届けたり、各国で余った電力を分け合ったりすることも可能になるので、エネルギーや環境問題の解決に大きな力になると期待されています。

電気抵抗がゼロになる超電導現象

▶ 物質が超電導状態になる温度

超電導とは、特定の金属を低温にすると、電気抵抗がゼロになる現象。

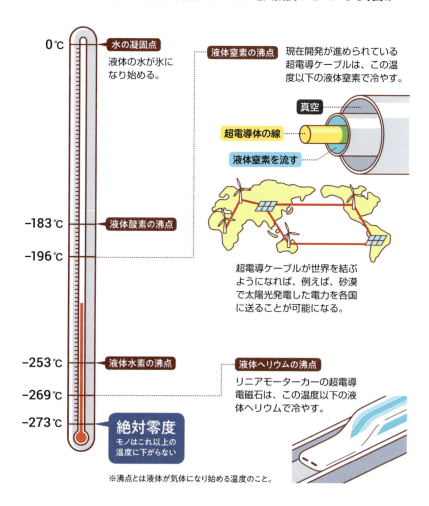

※沸点とは液体が気体になり始める温度のこと。

59 なぜ超高速で走れる? リニアモーターカー

なるほど! **超電導電磁石**の力で車体を浮上・前進。時速600kmのスピードを実現している!

　車輪のある列車では、時速400kmくらいが限界といわれていました。その壁をつき破ろうと開発されたのが、磁石の力で浮き上がり時速600kmを超えるスピードで走る**リニアモーターカー**です。

　リニアモーターカーには車体を浮かせ、車体を前に進めるしくみとして、**超電導電磁石**（超電導磁石ともいう）が各車両の両側に取り付けられています〔図1〕。

　普通の電磁石は、コイルに流す電流を大きくするほど磁力が強くなりますが、電気抵抗によって発熱し、その分エネルギーが失われるので、得られる磁力に限界があります。ところが、ある種の物質を**絶対零度（−273℃）近くまで冷やすと、電気抵抗がゼロ**になって、非常に強力な磁石になります。これが超電導電磁石で、リニアモーターカーでは液体ヘリウムで、−269℃近くまで冷やしています。

　ニュースでも報じられているように、リニア中央新幹線は2027年に東京−名古屋間の開業を目指し、工事が進められています。リニア新幹線では、ガイドウェイと呼ばれる走行路の側壁に2種類のコイルが設置されています。これらのコイルは、電流を流すと電磁石になります。超電導電磁石はコイルと引きつけ合ったり反発し合ったりすることで、車両を浮上させ前進させます〔図2〕。

2種類の電磁石で走行路を走る

▶車体を浮かせるしくみ〔図1〕

浮上・案内コイルに電流を流すと電磁石になる。車体の両側につけられた超電導電磁石のN極は、コイルのN極と反発し合い、S極とは引きつけ合うので、その力で車両が浮く。

▶車体を前進させるしくみ〔図2〕

車体の超電導電磁石はいつも同じ極だが、推進コイルは電流の向きを次々に変えることで、極も次々に変わる電磁石になる。これを利用し、車両が動いたら動いた位置に合わせて推進コイルのN極・S極も変えて、車両は前に進んでいく。

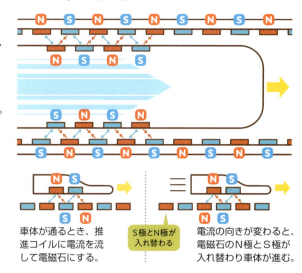

車体が通るとき、推進コイルに電流を流して電磁石にする。

S極とN極が入れ替わる

電流の向きが変わると、電磁石のN極とS極が入れ替わり車体が進む。

165　最新技術と物理の関係　3章

60 ガソリンなしで走る？ 燃料電池自動車のしくみ

なるほど！ 水素と酸素によって電流を生み出し、排気ガスも水蒸気になるエコな自動車！

　最近は、電気とモーターで走る自動車が増えています。そのしくみはどんなもの？　ここでは、**燃料電池自動車**を紹介します。

　まず、燃料電池について。**図1**のように、水に電流を流すことで、水素と酸素に分ける**「水の電気分解」**がありますが、燃料電池は、原理としてはこの**逆の反応を行わせる**ものです。水素と酸素を反応させるときに発生する電流を取り出すのです。

　燃料電池は、**水素と酸素を補給すれば電流を発生**し続けます。充電の必要がないのです。しかも、排気ガスのほとんどは水蒸気（水）で、二酸化炭素を発生しないので、地球環境にやさしいといえます。

　このことから、燃料電池は未来の電気自動車のエネルギー発生装置として注目され、すでに日本のメーカーも燃料電池車を販売しています。ですが、まだ台数はごくわずかです。

　その大きな理由としては、燃料電池車の価格が高いこと、水素を補給する水素ステーションの整備が進んでいないことなどが挙げられます。また、近年、高性能な**リチウムイオン電池**が安く作れるようになり、こちらの方が電気自動車には使いやすくなったことも、理由の一つです。いずれにせよ、数十年先には研究がさらに進み、電気自動車のシェアはかなり増えるといわれています。

燃料電池は発電し、水蒸気を出す

▶ 水を電気分解する実験装置〔図1〕

水に電流を流すと、酸素と水素に分解される（電気分解）。この逆の反応を行わせるのが、燃料電池である。

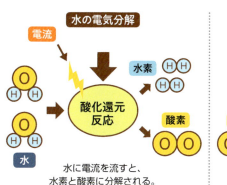
水に電流を流すと、水素と酸素に分解される。

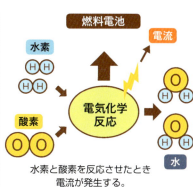
水素と酸素を反応させたとき電流が発生する。

▶ 燃料電池自動車のしくみ〔図2〕

空気中から取り入れた酸素と、タンクにためられた水素が反応するときに発生する電流で、モーターを回して走る。

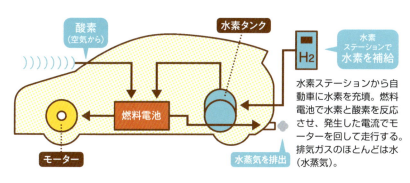

水素ステーションから自動車に水素を充填。燃料電池で水素と酸素を反応させ、発生した電流でモーターを回して走行する。排気ガスのほとんどは水（水蒸気）。

最新技術と物理の関係 **3章**

61 ラジコンとどうちがう？ドローンの飛ぶしくみ

なるほど！ **バッテリー、モーター、各種センサー**のおかげで、簡単に飛ばせるようになった！

　ドローン（drone）とは「**無人航空機**」のこと。この意味では、1960年ごろから、ラジコン飛行機やラジコンヘリはありました。しかし、ラジコンは操縦がむずかしく、何万円もするくせに、最初のフライトで墜落・大破することも珍しくありませんでした。

　さて、このドローンとはどういうものでしょうか？　**ドローンは、3つ以上のプロペラを持つ「マルチコプター」**です。現在は4つのプロペラを持つものが一般的で、これは**クアッドコプター**と呼ばれますが、6つのプロペラを持つヘキサコプター、8つのプロペラを持つオクトコプターなどもあります。

　これらのマルチコプターには、飛行を自動的にコンピュータ制御するフライトコントローラーが搭載されています。フライトコントローラーは、機体に積んだ**ジャイロセンサー**や**加速度センサー**、**気圧センサー**、**GPS**などからの情報を基に、機体の姿勢や進行方向を制御しています。複数のプロペラの回転速度を調整して、飛ぶ方向なども精密にコントロールしてくれます〔**図1**〕。

　ほかにも小型で軽く・大容量のリチウムイオン電池や、ハイパワーな小型モーターが実現したことで、ドローンは飛躍的に発展しました。趣味だけでなく、産業分野でも利用が進んでいます。

モーターの回転数を変えて進む

▶ドローンの進行方向とプロペラの回転数〔図1〕

飛ばそうとする方向のモーターの回転数を下げ、それと反対側のモーターの回転数を上げると、ドローンは前傾して前に飛んでいく。前後左右の移動は、このしくみを利用して行う。

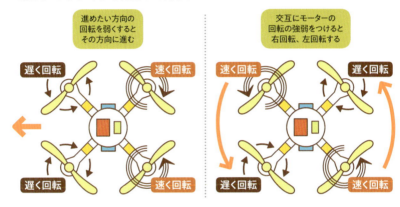

▶クアッドコプターの基本的なしくみ〔図2〕

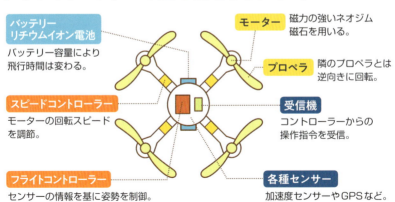

62 電気の力で空を飛べる？電動航空機の開発

> **なるほど！** 動力の**一部を電動化**して、**電気**と**燃料**の合わせ技で飛ぶ！

　自動車の電動化が進み、電気自動車やエンジンとモーターを両方使うハイブリッド車が増えていますね。飛行機も燃料として石油を使うので、二酸化炭素の排出を抑えるため、燃費をよくするなどの改良が行われてきました。しかし、それだけでは限界があるので、自動車のように電動化するための研究が行われています。

　中・大型機では、**ハイブリッド化の研究**が進められています。これには2つの方式があります。その一つである**パラレルハイブリッド方式**〔**図1**〕では、推進力を生み出すエンジンのファンをジェットエンジンとモーターの両方で回します。もう一つの**シリーズハイブリッド方式**〔**図2**〕では、機体に積んだエンジンは発電だけを行い、その電力でファンやプロペラを回します。

　このように、これまですべてをエンジンに頼ってきた動力の一部を電動化して、二酸化炭素の排出を大きく減らそうというのです。

　また、エンジンと燃料の代わりにモーターと電池（バッテリー）を積む**電動航空機**の研究も進んでいます。ただ、電池の容量が少ないので、長い距離を飛ぶ中・大型機では実現がむずかしく、数人が乗れて短い距離を飛ぶ軽飛行機が、まずは実現されようとしています。また、**ドローン**（→P168）**を大型化**する研究も進んでいます。

エンジンとモーターでファンを回す

▶ パラレルハイブリッド方式〔図1〕

推進力を生み出すファンを、ジェット燃料による燃焼とモーターの両方で回転させる。

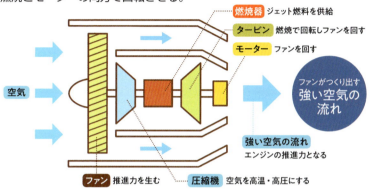

▶ シリーズハイブリッド方式〔図2〕

ジェット燃料を使うエンジンは発電だけのために使われ、発電機で生み出された電流でモーターに直結したファンを回転させる。

※図はJAXAホームページの特集「電動航空機」を参考に制作。

最新技術と物理の関係 3章

63 光がなぜ電気になる？太陽電池のしくみ

なるほど！ 光が当たると電気が流れる**半導体**で、**光エネルギー**を**電流**に変えている！

　太陽電池とは、太陽の光エネルギーを電気に変換する装置のことで、太陽光発電の中心となるしくみです。

　太陽電池で最もよく使われているのは、**シリコン系太陽電池**と呼ばれるもので、**半導体**でできています。半導体というのは、**電気を通す「導体」と電気を通さない「絶縁体」の中間の性質を持つ物質**。条件によって、電気を通す・通さないなどの電気的な性質が変わります。半導体には、n型とp型の2つの型があります。太陽電池は、この**2種類の半導体を張り合わせた**つくりになっています。

　太陽電池で使われている半導体は、暗いところでは電気が流れませんが、光が当たると電気が流れるという性質を持っています。太陽電池に光が当たると、n型とp型の接合面付近に**電子（－の電気）**と**正孔**（＋の電気）が発生し、**電子はn型の方へ、正孔はp型の方へ移動**します。このとき、電球などをつなぐと電流が流れ出すのです〔**図1**〕。太陽電池はこのようにして発電していますが、当たる光が強いほど大きな電流を生み出します。また、太陽電池に日影ができるとそこが電気抵抗となり、発電量が低下します。

　太陽電池は、環境にやさしい自然エネルギーとして使われているほか、人工衛星などの電源としても使われています〔**図2**〕。

光で電子と正孔が移動する

▶ 太陽電池のしくみ〔図1〕

光を当てると、n型半導体とp型半導体の接合面付近で電子（-の電気）と正孔（+の電気）が発生。電子はn型の方へ、正孔はp型の方へ移動する。この状態で表と裏に取り付けた電極に豆電球をつなぐと、電流が流れる。

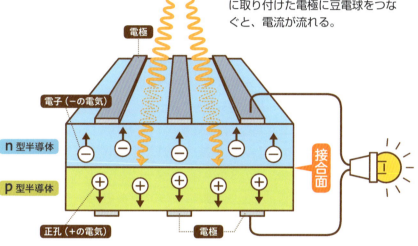

▶ 宇宙に欠かせない太陽電池〔図2〕

人工衛星は、太陽電池パネルが大きな面積を占めている。多くの衛星は太陽電池がなくては稼働しない。

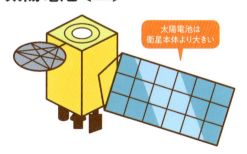

太陽電池は衛星本体より大きい

64 4K、8K、有機EL…？新世代テレビのしくみ

> **なるほど！** 有機ELは**色を発光させるLED**。
> 4K、8Kはテレビの**画素数**のこと！

　「ブラウン管」から「液晶」へと変わり、さらに「4K」「8K」、果ては「有機EL」というものまで出てきた…。日々進化するテレビですが、それぞれ、どんな意味、しくみなのでしょうか？

　テレビの画面は、**縦・横に並んだ赤（R）、緑（G）、青（B）の細かい画素（点・ドット）を光らせる**ことで、画像を映し出しています。この映し出すしくみが、液晶と有機ELではちがいます〔**図1**〕。

　液晶は、赤、緑、青の3色のフィルターに後ろから光（バックライト）を当てて画面を光らせます。一方の**有機EL**は、バックライトがなく、それ自体が発光します。有機ELの基本的なしくみは**LED**（→P126）と同じ。有機ELパネルはバックライトが不要なので液晶よりうすくでき、パネルの厚さは5mmほどです。

　4K、8Kの「K」は、キロ、つまり1,000を表します。4Kテレビは、画面を構成する横方向の画素数が約4,000（横3,840×縦2,160）あることを示しています。同様に8Kテレビは横方向の画素数が約8,000（横7,680×縦4,320）あることを示します。

　これまでのハイビジョン（HD）は画素が横1,028×縦720、フルハイビジョン（フルHD）は横1,920×縦1,080でしたから、4K、8Kの画面は、非常にきめ細かい画像を映し出せるのです。

発光により映像を映し出す

▶液晶と有機EL〔図1〕

液晶テレビと有機ELテレビでは、発光のしかたが異なる。

液晶テレビ
液晶の向きを変化させることでカラーフィルターを通るバックライトの光をコントロールする。

有機ELテレビ
有機ELは電圧を変化させることで、それ自体の発光をコントロールする。

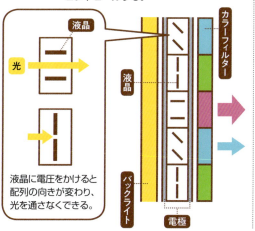
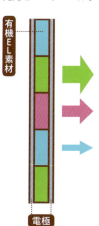

▶フルハイビジョン、4K、8Kとは〔図2〕

画素数が大きければ、きめ細やかな(解像度の高い)映像を映すことができ、画面を大きくしてもぼやけて見えない。フルハイビジョンと比べて画素数が、4Kは4倍、8Kは16倍もある。

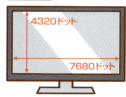

第3章 最新技術と物理の関係

もっと知りたい！選んで物理学 ⑨

Q ダイビング中にスマホでメールってできる？

できる or **できない**

スマホは、水につかったら使えなくなります。それでも、防水してスマホのカメラで水中写真を撮る人もいるようです。ただ、通信はできるのでしょうか？ 海中からメールしたり、写真をネットにアップしたりすることは可能でしょうか？

　携帯電話やスマホは、電波を使って通信をするツールです。電波は、波長のちがいによって種類が分けられ、携帯・スマホは**極超短波（UHF）**という、**波長が1m～10cmの電波**を使っています。
　一般に、電波は水中では減衰（弱まること）が大きく、伝わりにくいので通信には使えません。しかも、波長の短い電波ほど伝わり

ません。そのため、潜水艇と海上の船との通信には、ケーブルをつないで通信をするか、超音波を使います。超音波は水中でもあまり減衰せずによく伝わるのです（→ P98）。漁船や釣り船が使う魚群探知機も、電波ではなく超音波で魚の群れを見つけています。

▶ 水中での電波と超音波の伝わり方

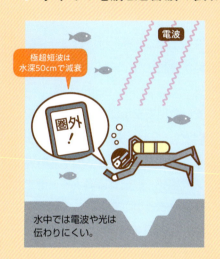

水中では電波や光は伝わりにくい。

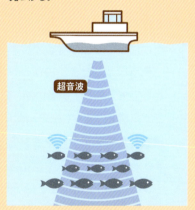

魚群探知機は超音波を使って、魚の群れを見つける。

ただ、電波でも波長が100kmを超える**極超長波と呼ばれる電波**は水中でも多少は伝わるので、潜水艦の通信に使われるそうです。

では、水中で電波はどれほど伝わりにくいのでしょうか？　ある実験で、携帯電話機を防水パックに入れてプールに沈めたところ、だいたい50cmの深さで電波が届かなくなったそうです。これでは、ダイビング中にスマホでメールしたり、写真をアップしたりなどできるわけがありませんね。

正解は、ダイビング中にスマホでメールは「できない」です。

65 地上と宇宙をつなぐ道？軌道エレベーターの研究

なるほど！ 地上と宇宙ステーションをロープで結び、安く、安全に宇宙に行けるようになる！

　宇宙に探査機や有人の宇宙船を打ち上げるときには、ロケットを使います。将来は、月や火星に基地が建設され、観光で宇宙旅行に出かけるようにもなるでしょう。

　そうなったとき、ロケットより安い費用で安全に宇宙へ行く手段として考えられているのが、**軌道エレベーター（宇宙エレベーター）**です。軌道エレベーターは、**地上と赤道上空約3万6,000 kmに建設した宇宙ステーションをロープで結び**、ロープに沿って上下するエレベーターで人や荷物を行き来させるというものです〔**図1**〕。

　3万6,000km上空を飛ぶ人工衛星は、地球の自転と同調する速度なので、地上からは同じ位置に止まって見えます。この高度を**静止軌道**といいます。この静止軌道上の宇宙ステーションと地上をロープでつなげば、地上からとても高い塔を建てたようになるわけです。

　ただし、ロープが静止軌道までだと、ロープの重さに引っ張られて宇宙ステーションが落ちてきます。それを防ぐため、ロープはさらに長く宇宙に向けて伸ばし、その先におもりをつけます。これによりロープにかかる**遠心力**が大きくなり、宇宙ステーションは落ちてこなくなるのです〔**図2**〕。ロープの素材としては、軽くて鉄などよりも丈夫なカーボンナノチューブの利用が考えられています。

遠心力でエレベーターを安定させる

▶軌道エレベーターのしくみ〔図1〕

赤道上にエレベーターの地上駅があり、3万6,000km上空の静止軌道上の宇宙ステーションまで、数日かけて昇っていく。

▶遠心力のしくみ〔図2〕

軌道エレベーターでは、大きな遠心力を発生させるためのおもり（カウンターウエイト）がつけられる。その原理は、ハンマー投げの選手がぐるぐると回転すると、ハンマーに強い遠心力がはたらき、ピンと張って落ちてこないのと同じ原理だ。

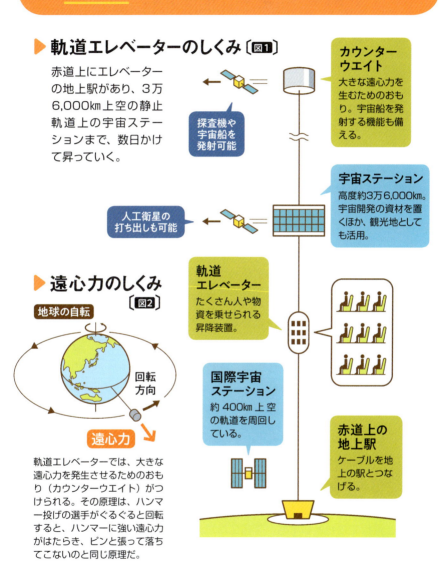

カウンターウエイト　大きな遠心力を生むためのおもり。宇宙船を発射する機能も備える。

探査機や宇宙船を発射可能

宇宙ステーション　高度約3万6,000km。宇宙開発の資材を置くほか、観光地としても活用。

人工衛星の打ち出しも可能

軌道エレベーター　たくさん人や物資を乗せられる昇降装置。

国際宇宙ステーション　約400km上空の軌道を周回している。

赤道上の地上駅　ケーブルを地上の駅とつなげる。

地球の自転／回転方向／遠心力

最新技術と物理の関係　3章

66 何日くらいで行ける？火星への宇宙旅行

なるほど！ 最小のエネルギーで目的地へ行く**ホーマン軌道**でも、**片道260日**ほどかかる！

　火星は地球のおとなりさんの惑星。地球との距離は近づいたり離れたりしますが、最も近いときで約5,500万km、最も遠いときは約4億kmもあります。月までの距離は38万kmですから、火星は月よりも150〜1,000倍以上も遠くにあるのです。

　今見えている火星に向けてロケットを打ち上げても、着いたときには火星の位置が変わっているので、**到着するときの宇宙船と火星の位置がぴたりと重なるように、宇宙船を打ち上げます**。また、人が乗る宇宙船には食料なども積むので、なるべく燃料を節約するように飛んでいく必要があります。このときに用いられる道程が**ホーマン軌道**〔図1〕というもの。これによると、地球と火星の位置がちょうどよいときに打ち上げて、到着までに260日ほどかかります。

　火星から地球に戻るときも、両者の位置関係がちょうどよいときに出発する必要があります。そのときまで1年以上待ち、帰りにも約260日かかるホーマン軌道を使って戻ります。こうしたことを考えると、**出発してから戻ってくるまでに、2年と8か月ほどかかります**。

　アメリカは2030年代の火星有人探査を目指していますが、順調に飛行できたとしても、宇宙には危険な放射線が飛び交っているので飛行中の健康に及ぼす影響の問題もクリアしなければなりません。

地球と火星の位置関係が大事

▶ 火星へ行くときのホーマン軌道 〔図1〕

最も少ない燃料で惑星に到着させる軌道を、ホーマン軌道という。

火星に行くときは、地球がE1にあるとき、地球の公転する方向に向かって宇宙船を打ち上げる。このとき、火星はM1にある。宇宙船は、赤い点線の軌道を通り約260日かけてM2の位置にある火星に到着する。このとき、地球はE2にある。

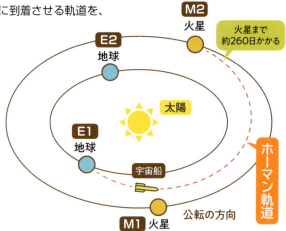

▶ 地球と火星の比較 〔図2〕

地球と火星は似たような星だが、宇宙服がないと生きられない。

	地球	火星
太陽からの距離	1（太陽－地球を1とする）	1.52
赤道半径	6378km	3396km
体積	1（地球を1とする）	0.151
重さ（質量）	1（地球を1とする）	0.107
重力	1（地球を1とする）	0.38
自転周期（1日の長さ）	23時間56分	24時間37分
公転周期（1年の長さ）	365.24日	687日
平均気温	15℃	－43℃
気圧	1（地球を1とする）	0.0075
大気の主成分	窒素 78% 酸素 21%	二酸化炭素 95% 窒素 3%

空想科学特集 9

ワープは果たして実現

ワープの考え方

ワープは、曲がった紙の表面を時空にたとえて説明されることが多い。

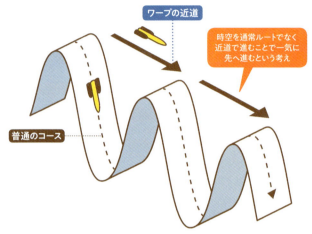

ワープの近道

時空を通常ルートでなく近道で進むことで一気に先へ進むという考え

普通のコース

　ある場所から遠く離れた場所へ、一瞬（もしくはとても短い時間）で移動する**「ワープ」**。SF作品によく登場するこの技術は、物理学的に可能なのでしょうか？

　まず、私たちの周囲に広がる空間は、距離だけでなく時間とも関わりがあるので、**時空**と呼ばれます。この**時空はまっすぐに続くのではなく、歪んだり曲がったりしている**と考えられています。

　ワープの基本的な考え方は、このように曲がった時空から一度飛び出し、近道をして元の時空に戻るというものです〔左図〕。つまり、**時空の通常の流れから飛び出る**ことで、時間を超えて別の場所に移動することができる、という考え方ですね。

　また、ワープとともによく語られる**「ワームホール」**は、リンゴ

できるのか？

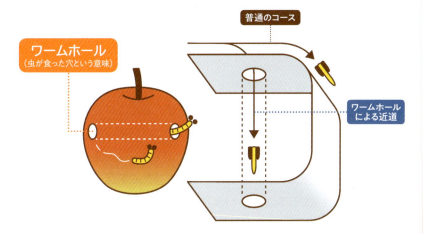

ワームホールの考え方

ワームホールは、リンゴの皮の表面を時空にたとえている。

に虫が開けた穴にたとえられます。リンゴの皮の表面が時空のつながりで、皮の表面をたどっていくと長い距離になるところを、穴を通って一気に裏側へ到達しようというのです〔右図〕。

これらの理論は、ともに**時空の歪みを起こす**ことが必要になります。残念ながら、これまでに観測された時空の歪みや曲がりはごくわずかで、まして、人工的に起こせたような例はありません。

ワープもワームホールも、物理学の世界で言及されてはいるのですが、今の物理学では手が届いていません。ですが、ワープの可能性はNASAも完全否定しているわけではありません。遠い未来には、時空を超える物理理論が生まれ、ワープやワームホールが実現する可能性もありえます。

67 無線で充電ができる？ワイヤレス給電のしくみ

なるほど！ 磁石とコイルを利用した電磁誘導によって、無線で電気を送ることができる！

　電線を使わずに電気を供給する技術を**「ワイヤレス（無線）給電」**といい、**放射型**と**非放射型**に分かれます。放射型は電気を電波に変換しアンテナを使って遠くへ送るもので、非放射型はごく近い距離での給電を行うものです。

　放射型の例としては、宇宙で発電した電気を地上に電波で送る宇宙太陽光発電が研究されています。ここでは、スマホ、自動車への充電を可能にする、より身近な非放射型のしくみを紹介します。

　非放射型には**「電磁誘導方式」**と、それを改良した**「磁界共鳴（共振）方式」**があり、基本原理は**「電磁誘導」**です。図1 Aのように、コイルに磁石を出し入れすると、コイルに電流が流れます。これが電磁誘導の基本ですが、図1 Bのように、2つのコイルの間にも電磁誘導が起こります。2つのコイルを向かい合わせ、片方のコイルに電流を流すと、もう片方のコイルにも電流が流れるのです。

　電磁誘導方式のワイヤレス給電は、この原理によるもので、SuicaなどのICカードも、この原理で自動改札機とカードとの間で通信を行います。磁界共鳴方式では給電の効率も上がり、給電できる距離も長くなっています。待ち望まれている電気自動車へのワイヤレス充電は、この磁界共鳴方式で研究中です〔図2〕。

磁界の変化で電流が流れる

▶ 電磁誘導のしくみ 〔図1〕

電磁誘導とは、コイルの中で磁界（磁石の力がはたらいている空間）が変化すると電流が流れるという現象である。

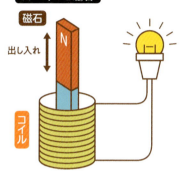

A コイルと磁石

コイルに磁石を出し入れすると、電流が発生する。

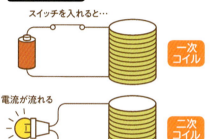

B 2つのコイル

向かい合った2つのコイルの片方に電流を流すと、もう片方のコイルにも電流が流れる。

▶ 電気自動車のワイヤレス充電 〔図2〕

ワイヤレス充電装置の上に車を止めておくだけで、バッテリーに充電できるようになる。

駐車場に送電コイル、車に受電コイルを置けば、車を止めるだけで充電が始まる。

68 どうして温められる？電子レンジとマイクロ波

なるほど! **1秒に約24億回も振動**するマイクロ波で、**水の分子**をこすり合わせて温めている！

　電子レンジは、マグネトロンという部品から発生する**マイクロ波**という電波を食品に当て、食品に含まれる水に作用して、熱を発生させるしくみです。

　水の分子は、水素原子2個と酸素原子1個からできています〔**図1**〕。この水の分子の一方の側（酸素原子のある側）は、-の電気を帯びています。その反対側（水素原子のある側）は、+の電気を帯びています。

　電子レンジのマイクロ波は、2.45GHz（ギガヘルツ）の電波で、この電波は**1秒間に24億5,000万回振動**します。そして**1回振動するごとに、プラスとマイナスの極が入れ替わります**。この電波が食品中の水の分子に当たると、電波の振動に引きずられるように、水分子も向きを変えます。つまり、食品中の水分子はものすごい速さで向きを変えているのです〔**図2**〕。

　この動きによって水の分子同士がこすれ合い、その**摩擦で熱が発生**し、食品が温まります。寒いときに手をこすり合わせると温まりますが、それと原理的には同じといえますね。

　水分を含まないガラスなどの容器は、加熱された食品の熱が伝わることにより温度が上がるので、温まるのが少し遅れます。

水分子の摩擦熱で温めている

▶ 水分子のしくみ〔図1〕

水素原子の側は＋の電気を、酸素原子の側は－の電気を帯びている。

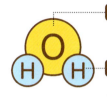

酸素原子
－の電気を帯びている。

水素原子
＋の電気を帯びている。

▶ マイクロ波と食品中の水分子〔図2〕

マイクロ波が食品中の水分子に当たると、マイクロ波の極が変わるごとに食品中の水の分子が向きを変える。その結果、水分子同士がこすれ合い、その摩擦熱によって食品は温まる。

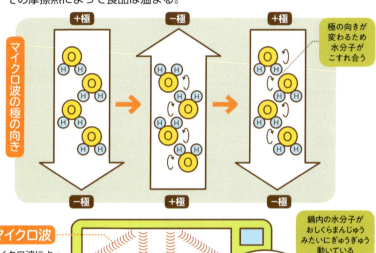

極の向きが変わるため水分子がこすれ合う

鍋内の水分子がおしくらまんじゅうみたいにぎゅうぎゅう動いている

マイクロ波

マイクロ波によって食品中の水の分子が振動し、こすれ合って、その摩擦熱で温まる。

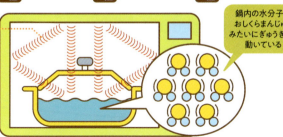

69 どうやって加熱してる？ 火を使わない電磁調理器

なるほど！ 調理器の中のコイルが、鍋の底に**うず電流**を発生させ、鍋を加熱させる！

　火を使わず加熱できる**電磁（IH）調理器**。ガスコンロなどとちがい、調理器は熱くならないのに、上に置いた鍋だけが熱くなって料理ができます。

　電磁調理器の中には、**電線を巻いたコイル**が入っています〔**図1**〕。コイルに電流が流れると磁力線が生まれ、鉄でできた鍋の底にうず電流を発生させます。この**うず電流**によって鍋の底が熱くなり、調理ができるのです。このときに生じる熱エネルギーは**ジュール熱**と呼ばれます。

　これは、ワイヤレス給電（→P184）で利用されている**「電磁誘導方式」**というしくみとよく似ています。電磁誘導方式は、給電の効率がよくなく、送った電気のほとんどが熱に変わってしまうなどの欠点があるのですが、この熱を利用したのが電磁調理器なのです。

　電磁調理器では、電線を巻いたコイルを使うのですが、これには**磁石の原理**が利用されています。ですから、磁石にくっつく鉄やステンレスの鍋しか使うことができません。ただし、オールメタル対応の調理器は、アルミニウムや銅の鍋も使えます。

　最近では、炊飯器もほとんどが電磁調理器と同じ原理で内釜を加熱したり保温したりするIH炊飯器になっています〔**図2**〕。

電磁誘導で熱を発生させる

▶電磁調理器のしくみ〔図1〕

コイルに電流を流すと磁力線が生じ、電磁誘導により鉄などの鍋にうず電流が発生する。このうず電流が鍋を加熱して調理する。このときに発生する熱はジュール熱と呼ばれる。

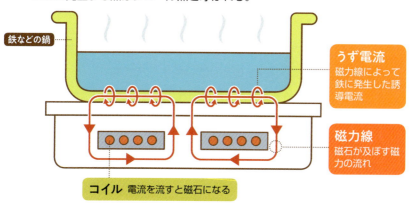

▶IH炊飯器のしくみ〔図2〕

コイルが内釜にうず電流を発生させ、内釜全体がジュール熱で発熱してごはんを炊き上げる。内部の圧力を高めて炊く圧力釜方式のIH炊飯器もある。

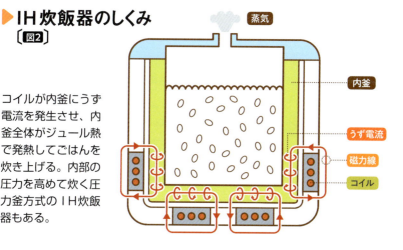

70 なぜ焦げ目までつく？過熱水蒸気式のオーブン

なるほど！ 食品についた**水蒸気**が水に変わるとき、**凝縮熱**が食品を急速に加熱！

　従来のヒーターで焼くオーブンとちがい、加熱した水蒸気によって焼くというオーブンが普及しています。水蒸気で温める…まではイメージができそうですが、焼き目までつくというのは驚きですね。これは、どういうしくみなのでしょうか？

　水は100℃で液体から気体の**水蒸気**になりますが、水蒸気は加熱すると、温度が100℃を大きく超えます。これを**過熱水蒸気**といい、ヒーターを使ったオーブンよりも効率よく食品を加熱することができます。その秘密は、水蒸気が食品について、気体から液体に変わるときに発生する**「凝縮熱」**にあります。凝縮熱は、**熱い空気から伝わる熱に比べるとエネルギーが非常に大きい**ため、食品の温度は短時間で上がります。

　過熱水蒸気式オーブンでは、温め始めでは水蒸気が冷えて水に変わりますが、さらに加熱を続けると、その水が過熱水蒸気に変わります。過熱水蒸気は、最高で300℃くらいまで温度が上がるので、高温の水蒸気が熱風となります。この熱風が表面をカラッと焼き上げ、さらに焦げ目までつけるのです。

　その上、食品から油を染み出させ、塩分を水と一緒に溶かし出す効果もあるので、脂肪や塩分を減らすこともできます。

水蒸気 ➡ 水に変わるとき熱を放出

▶ 過熱水蒸気とは？〔図1〕

100℃以上に加熱された水蒸気を、過熱水蒸気という。

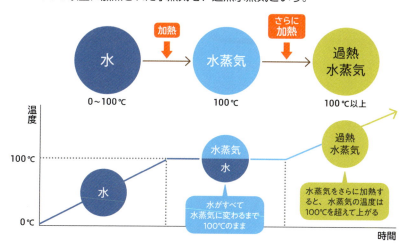

▶ 過熱水蒸気と凝縮熱〔図2〕

気体の水蒸気が液体の水に変わるときには、大きな熱を放出する。これを「凝縮熱」といい、この熱が与えられるので、食品は短時間で温められる。

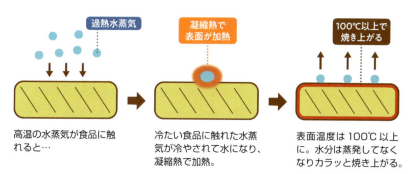

もっと知りたい！
選んで物理学
⑩

Q 同じ気温で熱く感じるのはどっち？

銀の板 **or** ガラスの板

20℃の室温で、ずっと室内に置かれていた銀の板とガラスの板。同じ室温にさらされていたはずですが、触ってしばらくすると、明らかな温度差を感じるようになりました。さて、どちらが熱く感じたのでしょうか？

　この問題を解くには、**熱の伝わり方**と、**熱伝導率**がカギとなります。熱には、**温度の高いものから低いものへ伝わるという性質**があります。例えば、真夏に暑い外からクーラーの効いた部屋への扉を開けると、熱は外→部屋へと伝わっていることになります。
　この「熱の伝わり方」というものは、それぞれの物質が持ってい

る**「熱伝導率」**によって左右されます。熱伝導率は、大きいほど熱が伝わりやすく、小さいほど熱が伝わりにくくなっています。それぞれの物質の熱伝導率は、以下の表を見てください。

▷ **いろいろなものの熱伝導率**

素材	熱伝導率（W/mK）
銀	428
銅	403
金	319
アルミニウム	236
鉄	83.5
炭素（グラファイト）	80 〜 230
空気	2.41
ガラス（ソーダガラス）	0.55 〜 0.75
水	0.561
木材	0.14 〜 0.18

　銀や銅は数値が大きいため**「熱が伝わりやすい」**といえ、逆にガラスや水は数値が小さいため、**「熱が伝わりにくい」**といえます。この表から、ガラスの熱伝導率は0.75ほどで、銀の熱伝導率は428だとわかりますね。今回の問題だと、人間の体温は36〜37℃、室温に置かれたガラスと銀は20℃くらいですから、体の熱が、手のひらからガラスと銀に伝わることになります。銀は熱伝導率が大きいので、どんどん体の熱が伝わり、手からは熱が奪われていくので冷たく感じます。逆に、ガラスは熱伝導率が小さいので、体の熱はあまり伝わらず、温かく感じます。

　つまり、正解は「ガラスの板」ということになります。

物理の偉人 3

感謝の気持ちを忘れなかった電磁気学の父
マイケル・ファラデー
(1791-1867)

　イギリスの物理学者ファラデーは、電気から動力をつくるモーターの原理を発明。さらに発電のしくみ「電磁誘導」を発見しました。

　ところがそんなファラデーの生まれは貧しく、小学校にもろくに通えませんでした。14歳で製本所に住みこみで働き、そのとき本を読みあさったといいます。ある日、大科学者デービーの実験講演チケットをもらい、実験を目の当たりにしたファラデーは深く感銘を受けます。講演内容をまとめたノートと感想を綴った手紙をデービーに送ったところ、ファラデーはデービーの助手にやとってもらえます。働き始めたファラデーは、デービーを上回る業績を上げ始めました。穏やかでなくなったデービーは、一時ファラデーを排除しようとします。しかし「自分の最大の発見は、きみの才能を発見したことだ」と、ファラデーを認めました。

　イギリス科学界の第一人者となったファラデーですが、自分のこれまでの道のりを振り返るとき、周りへの感謝の気持ちしかなかったそうです。そこでファラデーは、毎年クリスマスに講演を行います。

　自分が科学に感動したように、多くの人々、子どもたちに、今度は自分が科学の素晴らしさを伝えるべきだ…と思ったのです。この講演は『ロウソクの科学』という本にまとめられ、日本でも長く売れ続けています。

4章

明日話したくなる物理の話

物理の世界は、のぞけばのぞくほど、奥が深いものです。
相対性理論？ ダークマター？ など、
聞いたことはあるけど、どんなものかがよく知られていない
物理の話を、ざっくりと紹介していきます。

71 アインシュタインの相対性理論って何？①

なるほど！ 光、時間、空間に関する新理論で、物理学界に革命を起こした理論！

　20世紀最高の天才は誰か？　と聞かれたら、多くの人がアルベルト・アインシュタイン（1879 – 1955）と答えるでしょう。彼は、19世紀まで地上や宇宙の物理現象を説明してきたニュートンの理論には「使えない現象がいくつもある！」として、**まったく新しい物理学の理論「相対性理論」**を考え出しました。

　アインシュタインは1905年に**「特殊相対性理論」**を、1915〜1916年に**「一般相対性理論」**を発表しました。この２つをまとめて、「相対性理論」と呼ばれています。この理論をかんたんにまとめると、**右図**のようになります。

　このうち、「時間に関するもの」である〈2〉と〈6〉については、次のテーマ（→P198）で紹介します。ここでは、〈4〉と〈5〉についてごく簡単に説明しておきましょう。

　〈4〉は、有名な$E=mc^2$（E：エネルギー、m：質量、c：光の速度）という式で表される理論で、**物質の質量はエネルギーに、エネルギーは質量に変わり得る**というものです。例をあげると、わずかな質量のウランが消えると同時に、それが莫大なエネルギーに変わる原子力発電所もこの理論によるものです。

　〈5〉は、恒星や銀河、ブラックホールのように**重力が強い天体**

の周囲では、空間が曲がっているということを表しています。遠い宇宙からやってくる星や銀河の光も、途中で重力の強い（重い）天体の近くを通るときは、曲げられた空間に沿って進みます。そんな星の光は、わずかですが曲がって地上に届いているのです。

▶相対性理論の内容

特殊相対性理論（特殊）と一般相対性理論（一般）が明らかにしたことをごく簡単にまとめるとこのようになる。

〈1〉光より速く動けるものはない（特殊）

〈2〉高速で動くものの中では、時間の進み方が遅くなる（特殊）

〈3〉高速で動くものはちぢんで見える（特殊）

〈4〉質量（ものの重さ）とエネルギーは同じものである（特殊）

〈5〉重い（重力が強い）ものの周囲では空間が歪む（一般）

〈6〉重力が強いと時間の進み方が遅くなる（一般）

アルベルト・アインシュタイン

72 アインシュタインの相対性理論って何？②

相対性理論では**未来には行ける**が、**過去にさかのぼること**はできない！

　前ページで紹介したアインシュタインの相対性理論のうち、「**〈2〉高速で動くものの中では、時間の進み方が遅くなる**」と「**〈6〉重力が強いと時間の進み方が遅くなる**」について、紹介していきます。

　これらは時間に関わる理論に読めますが、本当だとすると、ジェット機に乗って移動している人の時計は、家でテレビを見ている人の時計よりゆっくり進むことになります。実際これを原子時計という超高精度の時計を飛行機内と地上に置いて調べたところ、地球を1周する間に、飛行機内の時計はごくわずかですが地上より時間の進み方が遅かったそうです。

　このくらいの時間の遅れでは気づくことはできませんが、速度が光の速度に近づくとちがいがはっきりします。光の99％の速さで飛んでいる宇宙船の中では、**地上では100年経つ間に、14年しか時間が経たないのです**。

　これは、未来へ行くタイムマシンのように思えますね。しかし、実現はかなりむずかしいでしょう。現在、太陽系を超えてはるかな宇宙へ向かって飛んでいるボイジャー1号という惑星探査機がありますが、その速度は時速約6万km（➡P90）です。ジェット旅客機が時速900kmくらいですから、とてつもなく速いといえます。

それでも**光の速度の0.000057％**に過ぎません。このスピードでは、とても未来へ行けるタイムマシンにはなりませんね。

ちなみに、過去へ行くことはできるのでしょうか？　理論的には、光より速いスピードの乗り物ができれば、過去の世界へ行けるそうです。しかし、ここでアインシュタインの相対性理論にある**「〈1〉光より速く動けるものはない」**が立ちはだかるのです。

▶タイムマシンで未来には行ける？

光速の99.8％のスピードが出る宇宙船で、約6年間旅行をすれば、100年後の地球へ行くことができる。

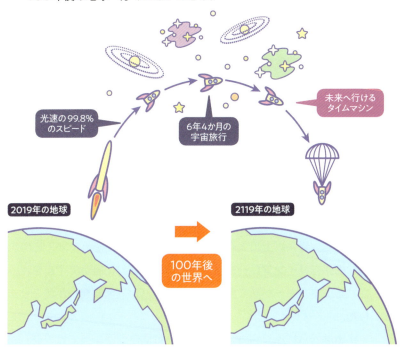

73 宇宙の始まりは どこまでわかっている？

なるほど！ 10^{36}分の1秒後より後は、説明可能。
どのように始まったかはわからない！

　私たちの宇宙は、**ビッグバン**と呼ばれる大爆発によって**138億年前に誕生**したとされています。しかし、宇宙が誕生する瞬間のこと、つまり宇宙がどのようにして始まったのかについては、わかっていません。今ある物理学の理論では、説明できないのです。

　ただし、**宇宙が誕生してから10^{36}分の1秒後より後のことについては、理論的な説明がなされています**。これは人間には感じることができない短い時間で、私たちにはゼロと同じですが、物理学にとっては無視できない確かな時間なのです。この最初の短い時間に起こったことは謎に包まれていますが、それに続く宇宙誕生のようすは次のように説明されています。

　宇宙誕生の10^{36}分の1秒後から10^{34}分の1秒後という短い時間に、生まれたばかりで顕微鏡でも見えないほど小さかった宇宙が、急激な膨張をしました。この膨張は「シャンパンの泡1粒が、一瞬のうちに太陽系以上の大きさになるほど」だったそうです。この急激な膨張を**「インフレーション」**といい、これに続いて宇宙を膨張させるエネルギーが熱に変わって**ビッグバン（大爆発）**が起こりました。

　宇宙はさらにふくらみ、それとともに温度が下がってビッグバン

から3分ほど経ったころ、物質をつくる基礎となる**水素**と**ヘリウム**の原子ができました。ビッグバンから38万年後には、宇宙の中を光が飛べるようになりました。イメージとして霧が晴れたようになったので、これを「宇宙の晴れ上がり」といいます。

その後、数億年ほど経つと星や銀河ができ始め、92億年後、今から46億年前に太陽や地球ができたのです。

▶ 宇宙の始まりと歴史

宇宙は約138億年前に誕生したとされる。宇宙が誕生した瞬間のことはわかっていない。

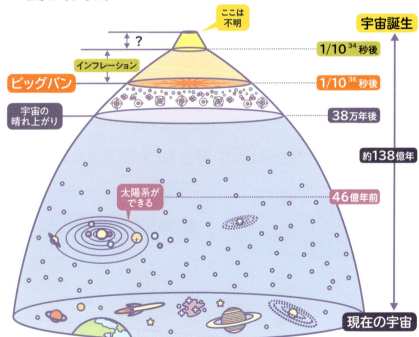

74 宇宙にある謎の存在？ダークマターとは？

なるほど！ 現代科学ではわからない正体不明の存在。**宇宙の95%**がこれでできている！

「**ダークマター**」などというとSF用語のようですが、これらも物理学の用語です。その正体は何でしょうか？

宇宙には、現在の科学で存在を確かめることができない物質があることがわかってきました。その**正体がよくわからないので、ダークマター（暗黒物質）**と呼ばれています。

ダークマターは直接観測することはできません〔図1〕。ですが、ダークマターの質量が生み出す重力によって、さまざまな影響が出ていることがわかっています。逆にいうと、この重力の影響を観測

▶ダークマターは光や電波などと反応しない〔図1〕

普通の物質は光などと反応するので、その存在を確かめることができる。ダークマターは、光や赤外線、電波などを素通りさせてしまうので、その存在を直接観測できない。

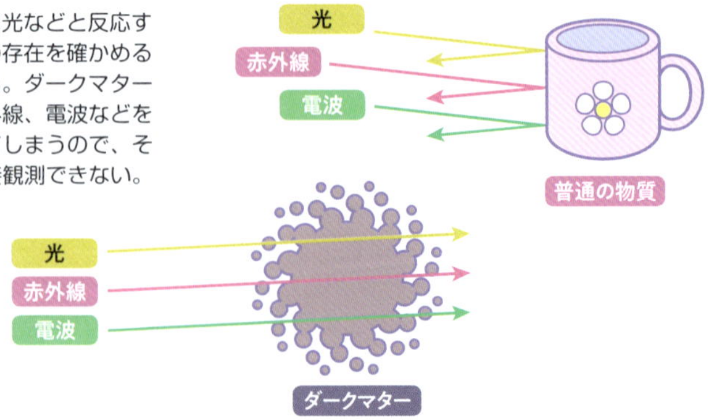

光／赤外線／電波 → 普通の物質

光／赤外線／電波 → ダークマター

することにより、ダークマターの存在が確かめられているのです。

　ダークマターにはじめて気づいたのは、ツビッキー（1898～1974）というスイスの天文学者です。ツビッキーは、遠くにある回転する銀河の重さをくわしく調べました。銀河の回転は、銀河を構成する星やガスの質量が生み出す重力によって生じるので、銀河の回転速度をくわしく調べることで銀河全体の重さを計算することができます。そうして求めた**銀河の重さは、光や電波で観測した結果から推測したものより、ずっと重い**ことがわかり、ダークマターの存在が示されたのです。

　またダークマターのほかに**「ダークエネルギー」**があります。宇宙は、加速しながら膨張していることがわかってきましたが、そのためには大きなエネルギーが必要です。この**宇宙を膨張させるエネルギーも正体不明のため、「ダークエネルギー」**と呼ばれています。

　ちなみに、ダークマターとダークエネルギーが宇宙に占める割合は**約95%**〔図2〕。宇宙の謎はまだまだあるのです。

▶宇宙に蓄えられているエネルギーの割合〔図2〕

最近の研究によると、宇宙において普通の物質（原子）に蓄えられているエネルギーの割合は5%にすぎない。宇宙の大部分は、正体不明のダークマターやダークエネルギーが占めている。

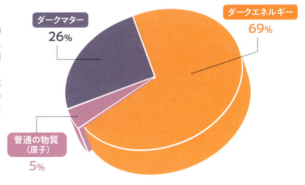

ダークマター 26%
ダークエネルギー 69%
普通の物質（原子） 5%

75 宇宙はこれから どうなるのか？

なるほど! 宇宙もいつか終わると考えられ、ビッグクランチなどさまざまな説がある！

　宇宙が誕生して138億年が経過しましたが、この先も宇宙は永遠に存在し続けるのでしょうか？　その答えはNOのようです。すべての物事に始まりと終わりがあるように、**宇宙もいずれ終わりを迎える**と考えられ、その終わり方にはさまざまな説があります。

　宇宙はビッグバンによって誕生してから膨張し続けています。しかし、やがてはこの膨張も止まり、続いて宇宙は重力によってちぢみ始め、最終的にはすべての物質がつぶれてビッグバン以前の状態に戻るというのが「**ビッグクランチ**」説。ふくらみ続けた風船の空気が抜けて、元に戻るのをイメージしてもらえばいいでしょう。

　宇宙に無数にある恒星は核融合によって熱を生み出しますが、やがてそのエネルギーが底をつくという考え方もあります。恒星や銀河が冷えて、最終的に宇宙のすべてが凍りついてしまう…。これを「**ビッグチル**」説といいます。

　また、これまでの観測により、宇宙が膨張するスピードはますます速くなっているとわかっています。このまま宇宙が膨張の速度を増していくと、星や銀河同士の距離が引き離されるだけでなく、身の回りのものや私たちの体をつくっている原子さえもバラバラに引き離されてしまう。これを「**ビッグリップ**」説といいます。

これらの、宇宙がどのような形で終わりを迎えるかについての考え方は、どれも決定的なものではありません。また、宇宙の終わりは500億～1,000億年以上先に起こると考えられているので、とりあえずは心配する必要がなさそうです。

▶宇宙の終わり方

宇宙の終わり方については、代表的な3つの説がある。

ビッグクランチ
宇宙が重力によって収縮し始め、ビッグバン以前の状態に戻る。

ビッグチル
宇宙にあるエネルギーが底をつき凍りつく。

ビッグリップ
宇宙が膨張し続けると、星や銀河の距離、原子さえもバラバラに離れていく。

76 原子よりも小さい？素粒子ってどんなモノ？

> **なるほど!** 素粒子とは物質を構成している**基本的な粒**のこと！

素粒子とは、それ以上は細かく分けることができない、**いちばん小さなモノを指す言葉**です。いったい、どういうモノでしょうか？

身の回りの物質は、すべて**原子**という小さな粒からできています。原子の大きさは種類によってちがいますが、およそ100億分の1m。1mmの1,000万分の1という小ささで、普通の顕微鏡では見えませんが、電子顕微鏡を使うと見ることができます。

原子はさらに細かく分けられます。原子の中心には原子核があり、その周りに**電子**があります。原子核の大きさは原子の数万分の1。原子核はさらに、陽子と中性子という粒からできています。

▶ 素粒子とは〔図1〕

身の回りの物質を細かく分けていくとこの図のようになる。

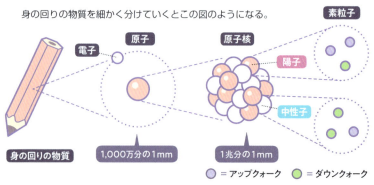

例えば、風船に入れるガスとして使われるヘリウムは、陽子２個、中性子２個からなる原子核からできていて、陽子の数と同じ２個の電子が周りにあります。

　原子には、水素、酸素などの種類がありますが、この種類は陽子の数のちがいで決まります。

　陽子と中性子はもっと細かく分けることができ、**クォーク**という粒からできていることがわかりました。したがって、現在、**物質をつくっている素粒子は、「電子」と「クォーク」**ということになります〔図1〕。

　さらに、このほかにも、光や電気・磁気などの力を伝える**光子（フォトン）**や、質量のもとになる**ヒッグス粒子**など、たくさんの種類の素粒子があることがわかってきています〔図2〕。

　こうした素粒子を研究する物理学を、**素粒子物理学**といいます。研究が進めば、宇宙の成り立ちや宇宙誕生の謎にも迫ることができる、夢のある学問なのです。

▶これまでに確認されている素粒子〔図2〕

	物質粒子			ゲージ粒子	質量を与える粒子
	第1世代	第2世代	第3世代		
クォーク	u アップ	c チャーム	t トップ	強い相互作用 g グルーオン	H ヒッグス粒子
	d ダウン	s ストレンジ	b ボトム	電磁相互作用 γ 光子	
レプトン	νe 電子ニュートリノ	$\nu \mu$ μニュートリノ	$\nu \tau$ τニュートリノ	弱い相互作用 W^+ W^- Z Wボソン Zボソン	
	e 電子	μ ミューオン	τ タウ		

77 ミクロの世界の理論 量子論、量子力学って？

なるほど！ 壁をすり抜けたりするような現象が起こる、ミクロの世界について扱う学問！

量子論は「ミクロな世界」における、電子や光などの振る舞いを説明する理論です。ミクロの世界とは、**1,000万分の1mm以下**というような、原子よりも小さな物質の世界。私たちが目にしたり、顕微鏡で観察したりできる物質の世界は、マクロの世界といいます。

ミクロの世界では、マクロな世界の常識では考えられないような、摩訶不思議な現象が起こっていることがわかっています。

▶仕切りで2つに分けた箱の中の電子〔図1〕

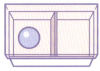

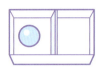

ボールは仕切りのどちらか片方にある。

ふたを開けるとボールはどちらか片方で見つかる。

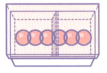
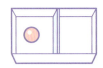

電子は仕切りのどちらにも同時に存在。

ふたを開けると電子はどちらか片方で見つかる。

量子論では、**電子は「粒」であると同時に「波」でもあるといいます。**電子は、観察されないときは波として存在し、観察するときは収縮した波となり、それが粒のように見えるというのです。

　例えば、1つの電子を箱の中に入れ、箱の中を仕切りで2つに区切ったとします。私たちの常識では、箱のふたを開けても開けなくても、電子は仕切りのどちらか一方に入っているに決まっています。

　ところが、量子論では、箱のふたが閉まっているとき、電子は仕切りで分けた2つのどちらにも同時に存在しているといいます。そしてふたを開け、光を当てて電子を観察してみると、電子は仕切りで分けたどちらか一方に見つかるというのです〔図1〕。

　また、人間は壁をすり抜けることなどできませんが、**電子は、越えられないはずの壁を、突然現れたトンネルをくぐるようにすり抜けることができる**といいます〔図2〕。

　…これは物理学、数学的に正しいことがわかっています。量子論に基づき、数学的にミクロの物理現象を説明する科学を**「量子力学」**といいます。

▶トンネル効果〔図2〕

マクロの世界

イタイ！

人間は壁を越えられない。

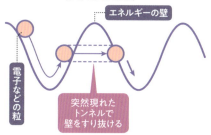

ミクロの世界

電子などの粒は、越えられないはずのエネルギーの壁をすり抜けることがある。

エネルギーの壁

電子などの粒

突然現れたトンネルで壁をすり抜ける

明日話したくなる 物理の話　4章

78 カオス理論ってどんな理論?

なるほど! 気象の変化など、**予測がむずかしい複雑な現象**を研究する学問のこと!

　カオス＝混沌、という言葉が示すように、**カオス理論とは物事が複雑に入り混じった現象についての理論**です。さて、どういうものでしょうか?

　ある車が、高速道路を時速60kmで走り続けているとします。この車がA地点を通過した1時間後には、60km離れたB地点を通過するはず…、と予測することができますよね。この場合は、速度、距離、時間という情報がわかることで、未来の位置がわかりました。そこで、車の速度や道路の距離だけでなく、原子や分子など

▶未来に起こる物理現象を予測できるか?〔図1〕

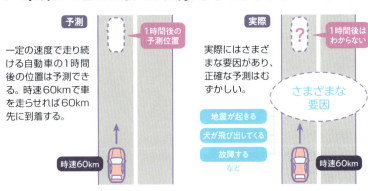

を含めたすべての情報がわかれば、未来を知ることができるのではないか、という気がしませんか？

ところが実際、世界はとても複雑にさまざまな現象が絡み合っているため、**未来に起こる物理現象は予測しきれません**。ほんの少しのちがいが起こるだけで、こうした予測は崩れてしまうのです〔図1〕。天気予報が外れることが多いのはそのためです。このように複雑な現象を扱うのが、カオス理論です。

未来に起こる物理現象を予測するには、コンピュータに計算のもとになる数値（初期値）を入力します。この初期値は少しくらい誤差があっても結果に大したちがいはなさそうですが、実は、初期値がごくわずかにちがうだけで、結果には大きな差が出てしまいます。

このことを説明するたとえに**「バタフライ効果」**という言葉があります。「ブラジルで1匹のチョウ（バタフライ）が羽ばたくと、（空気の動きが次々に波及していって）テキサスで竜巻を引き起こすか？〔図2〕」というアメリカの気象学者の問いかけです。この問いに対する答えは出ていませんが、カオス理論は、自然や社会などに見られる複雑な現象を解き明かそうとしています。

▶ バタフライ効果〔図2〕

ブラジルの1匹のチョウの羽ばたきが、テキサスに竜巻を起こすか？ 初期値の差が時間とともに増加し大きな差を生むとき、カオス理論ではこのシステムには初期値鋭敏性があるという。

79 日本がつくった元素 ニホニウムって何?

なるほど！ 理化学研究所が合成した**新しい元素**。平均寿命は**0.002秒**しかない！

　ニホニウム（nihonium）は、人工的につくられた元素の名前です。名前に「ニホン（nihon）」と入っているとおり、日本の理化学研究所がつくり出した元素です。元素を新たにつくる、というとすごいことのように思えますが、そもそも元素とは何でしょうか？

　物質は、**「原子」**という粒からできているのですが、原子の種類を表したものを**「元素」**といいます。元素と原子は紛らわしいですが、「酸素」を例にすると、「人間には酸素という元素が必要だ」と、概念を説明する時に「元素」を用います。そして、実際に体内に取り入れる酸素の方を「原子」というのです〔図1〕。

　自然界には約90種類の元素が存在し、ほかに人工的につくられた元素が約30種類ほどあります。元素には、1水素、2ヘリウム、

▶ **元素とは?**〔図1〕

元素は、原子の種類を表す言葉。人間には酸素という元素が必要（概念）だが、実際に体内に取り入れているのは酸素の原子である。

3リチウム……のように番号がつけられています。この番号は、原子核にある陽子の数を表していて「**原子番号**」といいます。

　ニホニウムは、原子番号113の元素です〔**図2**〕。つまり、陽子の数が113個あるということですね。2004年に理化学研究所が世界で初めて合成に成功したもので、2016年に国際的に認められました。ニホニウムは国名にちなんだ名称で、「*nihon*」の後に国際純正・応用化学連合（IUPAC）の定めたルールにしたがって「*-ium*」がつき「*nihonium*（ニホニウム）」となりました。元素記号は「Nh」です。

　ニホニウムにどんな性質があるかは、まだよくわかっていません。また、水素、酸素などの元素は壊れにくいのですが、人工的につくられた元素の多くは寿命が短く、すぐに壊れて別の元素に変わってしまいます。**ニホニウムの平均寿命は、0.002秒**ということです。

▶ニホニウムの原子のつくり〔図2〕

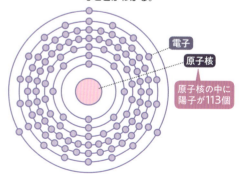

ヘリウム（原子番号2番）
電子／原子核／陽子／中性子
原子核の中に陽子が2個
無色・無臭で水素に次いで軽い気体。気球などに使われる。

ニホニウム（原子番号113番）
ニホニウムの原子核の中には陽子が113個あり、その周囲を113個の電子が回っている。ヘリウムの原子と比べると、つくりが複雑なことがわかる。
電子／原子核／原子核の中に陽子が113個

80 ノーベル物理学賞の日本人科学者たち

なるほど! ノーベル物理学賞受賞者は**11人**。**最初の受賞者**は湯川秀樹!

　ノーベル賞は、**ダイナマイト**の発明者として巨万の富を築いた**アルフレッド・ノーベル**の遺言にしたがって1901年から始まった世界的な賞です。物理学、化学、生理学・医学、文学、平和、経済学の6つの賞があります。この中で、物理学賞の第1回受賞は、X線（➡P116）を発見したドイツの**ヴィルヘルム・レントゲン**でした。

　物理学賞は、2018年までに210名の受賞者を数えていますが、このうち日本人は9名。日本出身で後にアメリカ国籍となった2人を含めると**11名**になります。この日本人11名の受賞に至った研究業績は、本書でも登場した**素粒子**（➡P206）や**量子論**（➡P208）に関連するものばかりです。

　日本人で最初のノーベル賞受賞者は、物理学賞の湯川秀樹でした。1949年といえば、第二次世界大戦が終わってから4年しか経っていない、復興の真っただ中。東京などの大都市は、空襲による焼け野原で、人々は苦しい生活にあえいでいた時期で、この受賞は日本国民に大きな夢と希望を与えました。21世紀に入ると、数年おきに受賞者を出すようになり、日本が物理学の分野でも世界に大きな貢献をしていることが明らかになりました。

　これら日本人受賞者のどの研究も、一般人にはなかなかむずかし

いものですが、2014年受賞の3人が発明した**青色発光ダイオード（LED ➡ P126）**は、とても身近ですね。この発明で、世界の照明器具はLEDが常識になりました。

▶日本人のノーベル賞受賞者たち

1949年、湯川秀樹が日本人初のノーベル賞を受賞。戦後の日本を明るくする大ニュースだった。

年	受賞者名		受賞理由
1949	湯川秀樹	1907～1981	原子核の陽子と中性子を結びつける中間子の存在を予想。
1965	朝永振一郎	1906～1979	繰り込み理論の手法を発明、量子電磁力学の発展に貢献。
1973	江崎玲於奈	1925～	半導体内のトンネル効果を発見。
2002	小柴昌俊	1926～	初めて自然に発生した素粒子ニュートリノの観測に成功。
2008	南部陽一郎 日本出身 アメリカ国籍	1921～2015	素粒子物理学における自発的対称性の破れを発見。
	小林誠	1944～	CP対称性の破れの起源を発見し素粒子物理学に貢献。
	益川敏英	1940～	
2014	赤﨑勇	1929～	省電力の白色照明を実現した青色発光ダイオード（LED）を発明。（※LEDなどの半導体は量子論に基づいてつくられている）
	天野浩	1960～	
	中村修二 日本出身 アメリカ国籍	1954～	
2015	梶田隆章	1959～	ニュートリノが質量を持つことを示すニュートリノ振動を発見。

取り返しのつかない大きな失敗をしたくないなら、早い段階での失敗を恐れてはならない

湯川秀樹

物理学 15 の大発見!

紀元前のアルキメデスの原理から、物理学的に重大な発見を15個セレクト。
世界の常識を変えた、大発見の歴史を見てみましょう。

1 浮力に関する大発見
「アルキメデスの原理」

発見した人物
アルキメデス
ギリシアの数学者、物理学者

▶ 紀元前250年頃

物体が流体(液体または気体)の中にあるとき、物体が押しのけた流体の重さに等しい浮力が、物体にはたらく「アルキメデスの原理」を解明した。船、風船や熱気球、氷山…など、浮かぶものすべてに関わる法則で、現代でも浮力計算の根本として使われている。

2 圧力に関する大発見
「パスカルの法則」

▶ 1653年

発見した人物
ブレーズ・パスカル
フランスの数学者、物理学者

密閉した容器内で、静止する流体の一部に圧力を加えると、その圧力の上昇分は同じ強さで流体のすべての方向に伝わるという「パスカルの原理」を発見。この原理を応用して、油圧ジャッキや油圧ブレーキといった油圧機、水圧ポンプなどが作られた。

3 力学での大発見
「万有引力の法則」
▶1687年

発見した人物
アイザック・ニュートン
イギリスの物理学者、天文学者など

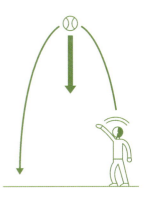

　宇宙のあらゆる物体と物体は、互いに引き合う力をもつ。この物体同士が引き合う力を万有引力という。この法則も含めて、ニュートンは地上から宇宙までの物体の運動の法則を統一してまとめた。その後「力学」という学問の研究が進むことになる。

4 温度と体積に関する大発見
「シャルルの法則」

発見した人物
ジャック・シャルル
フランスの物理学者

▶1787年

　圧力を一定にして気体を温めると、温度が1℃上昇するにつれて、0℃のときの体積が273分の1ずつ増していくという「シャルルの法則」を発見した。この気体の膨張に関する法則は、現代ではエアコンや冷蔵庫のしくみなどで応用されている。

5 電流に関する大発見
「電磁誘導の法則」

発見した人物
マイケル・ファラデー
イギリスの化学者、物理学者

▶1831年

　コイルの中の磁界を変化させると、そのコイルの中に電流を流そうとする力（起電力）が生まれる。電磁誘導による起電力を誘導起電力といい、それによって流れる電流を誘導電流という。発電機やモーターは、まさにファラデーの発見したこの原理のおかげである。

217

6 熱力学での大発見
「ジュールの法則」

発見した人物
ジェームズ・P・ジュール
イギリスの物理学者

▶1840年

導線中を流れる電流から発生する熱量は、電流の強さの2乗と導線の抵抗と時間に比例するという「ジュールの法則」を発見。その後、熱力学という学問が発展した。この作用で発生する熱は「ジュール熱」と呼ばれ、トースターや電気ストーブのような器具で利用される。

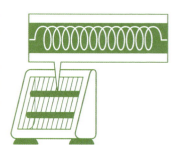

7 電磁気学での大発見
「マクスウェルの方程式」

▶1864年

発見した人物
ジェームズ・C・マクスウェル
イギリスの物理学者

電磁場のふるまいを記述した、古典的電磁気現象の基礎方程式を「マクスウェルの方程式」と呼ぶ。多くの学者によって行われた、電気と磁気の関係を示す実験事実が蓄積されており、それをマクスウェルが数学を用いて理論化した。この方程式は電磁気学の基礎として、情報通信には欠かせないものである。

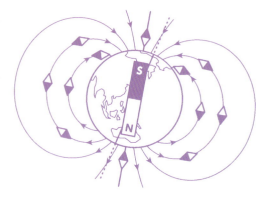

8 電磁波での大発見①
「X線」
▶1895年

発見した人物
ヴィルヘルム・レントゲン
ドイツの物理学者

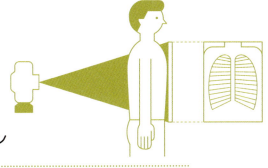

レントゲンが、陰極線と呼ばれる放射線の研究中に発見した電磁波で、「未知の性質の放射線」という意味でX（エックス）線と名づけた。X線は物質透過作用、写真感光作用などを持つため、病院でのレントゲン撮影、空港での手荷物検査などで活用されている。

9 電波の大発明
「無線電信」
▶1895年

発見した人物
グリエルモ・マルコーニ
イタリアの発明家

電磁波の実用化を目指し、電波を利用して情報を伝達する無線電信の実験を行い、これを成功させた。マルコーニは、大西洋を隔てた無線電信、船と船との通信など幅広く実験とビジネスを行った。この無線電信の技術はラジオ、携帯電話など幅広く活用されている。

10 電磁波での大発見②
「放射能」
▶1896年

発見した人物
アントワーヌ・H・ベクレル
フランスの物理学者

ある種の物質に放射線を出す能力「放射能」があることを発見。ベクレルはX線の発見に触発され、ウランが自然に放射線を発生する能力をもつことを実験で確かめた。放射能の発見は病院での放射線療法、原子力発電などに応用されている。

11 量子論研究での大発見
「量子論」
▶1900年

発見した人物
マックス・プランク
ドイツの物理学者

　すべての波長の放射を完全に吸収すると仮想された物体（黒体）から放射されるエネルギーに関して、過去の法則との矛盾を解消するには、光のエネルギーがある最小単位の整数倍の値しか取れないと主張。これは量子仮説と呼ばれ、量子論研究への道を開いた。

12 光・重力などの大発見
「相対性理論」
▶1905年・1915年～1916年

発見した人物
アルベルト・アインシュタイン
ドイツの物理学者

　1905年の特殊相対性理論においては、重力場のない状態での慣性系のみを取り扱った限定的な理論を、1915年の一般相対性理論においては、加速度運動と重力を取り込んだ理論をアインシュタインがそれぞれ発表した。これらの理論は、現代物理学の基礎・基本となっている。素粒子物理学の研究やブラックホールの解明などで大きく活用されている。

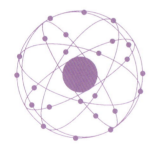

13 ミクロの世界の大発見
「量子力学」
▶1926年

発見した人物
シュレディンガー、
ハイゼンベルク など
ドイツの物理学者

　超ミクロの世界で生じる現象を説明する物理法則「量子力学」を提唱。電子のようなミクロの世界の場合、その位置や運動量の測定には原理上の限界があり、測定値のばらつきの大きさの間には定まった関係があるという、量子力学の原理「不確定性原理」を発表した。

14 宇宙の起源の大発見
「ビッグ・バン説」
▶1946年

発見した人物
ジョージ・ガモフ
アメリカの物理学者

ハッブル・ルメートルの法則によると、宇宙は膨張を続けている。この法則を基に、ガモフはビッグ・バンによる宇宙起源論を唱えた。宇宙は高温高密度の火の玉が大爆発を起こして誕生し、その過程でさまざまな元素が合成されたとする考え方である。

15 電気に関する発明
「トランジスタ」
▶1948年

発見した人物
ショックレー、バーディーン、ブラッテン
アメリカの物理学者

金属と絶縁体の中間の抵抗率をもつ物質「半導体」の発見を受けて、半導体のゲルマニウムに不純物を混ぜると電気の整流、増幅、発振ができることを発見。トランジスタと呼ばれ、ラジオやテレビなどの電気機器に多く用いられている。

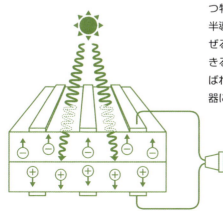

さくいん

あ
圧力 ･････････････････････ 50、52
引力 ･･････････････････ 16、84、158
運動量保存の法則 ･･････････････ 43
永久磁石 ････････････････････ 130
液晶 ･････････････････････････ 174
X線 ･････････････････････ 86、116
遠心力 ･･･････････ 12、16、18、84、178
音 ････････････････ 92、94、96、101
音の屈折 ･･････････････････････ 96

か
界面張力 ･･････････････････････ 28
カオス理論 ･･･････････････････ 210
角運動量保存の法則 ･････････････ 58
可視光 ･･････････････ 106、112、114
可聴音 ････････････････････････ 98
慣性 ･････････････････ 10、14、130
慣性の法則 ･･････････････ 10、14、82
気圧 ･････････････ 50、62、148、150
気化 ････････････････････････ 144
凝縮熱 ･･････････････････････ 190
空気抵抗 ･･････････････････ 70、73
クォーク ････････････････････ 206
屈折望遠鏡 ････････････････････ 76
元素 ････････････････････････ 212
公転 ････････････････ 82、158、181
光年 ･･････････････････････ 80、88

さ
サイフォンの原理 ･･････････････ 60
作用・反作用 ･･･････ 26、38、42、46
三角測量 ･･････････････････････ 88
紫外線 ･･････････････････････ 114
磁石 ･･････････････ 132、134、164、188
自転 ･･････････････････ 16、43、82、159
自由電子 ････････････････････ 124
周波数 ････････････････････ 98、124

重力 ･･･････････ 16、18、20、73、86、196
重力加速度 ････････････････････ 16
ジュール熱 ･･････････････････ 188
上昇気流 ･････････････ 68、71、148、150
磁力線 ･･････････････････････ 134
水圧 ･････････････････････ 52、54
すばる望遠鏡 ･･････････････ 78、156
正孔 ････････････････････････ 172
静電気 ･･･････････････ 68、118、120
赤外線 ･･････････････････････ 112
接触角 ････････････････････････ 28
接線 ････････････････････････ 158
絶対等級 ･･････････････････････ 88
絶対零度 ･････････････････ 147、164
相対性理論 ･･････････････ 196、198
素粒子 ･･････････････････････ 206

た
ダークマター ････････････････ 202
断面係数 ･･････････････････････ 66
力の集中・分散 ････････････････ 64
超音波 ･････････････････････ 98、177
超新星爆発 ････････････････････ 86
超電導（超伝導） ･････････････ 162、164
直流と交流 ･･････････････････ 125
低気圧 ･･････････････････ 148、150
てこの原理 ････････････････････ 32
電気抵抗 ････････････････ 162、164
電子 ･･････････････････ 122、172、206
電磁石 ･････････････････････ 130、164
電磁波 ･････････････････････ 106、116
電磁誘導 ････････････････ 128、184、188
電波 ･･･････････････････････ 176
等速直線運動 ･･････････････････ 10
ドップラー効果 ････････････････ 94

な
内燃機関 ････････････････････ 138
熱伝導率 ････････････････････ 192
熱膨張 ･･････････････････ 62、142
年周視差 ･･････････････････････ 88
粘性 ･･････････････････････････ 34
燃料電池 ････････････････････ 166

は

波長 ・・・・・・・・・・・・・ 106、110、112、114
発光 ・・・・・・・・・・・・・・・・・・・・・・・・ 126
発電 ・・・・・・・・・・・ 124、128、136、172
ハッブル宇宙望遠鏡 ・・・・・・・・・・ 78、156
反射望遠鏡 ・・・・・・・・・・・・・・・ 78、157
半導体 ・・・・・・・・・・・・・・・・・ 126、172
万有引力 ・・・・・・・・・・・・・・・・・・・・・ 84
光の屈折 ・・・・・・・・・・・・・・・・ 104、108
光の散乱 ・・・・・・・・・・・・・・・・・・・・ 110
光の反射 ・・・・・・・・・・・・・・・・ 102、108
ビッグバン ・・・・・・・・・・・ 81、200、204
氷晶 ・・・・・・・・・・・・・・・・・・・・ 70、160
表面張力 ・・・・・・・・・・・・・・・・・ 28、30
微粒子 ・・・・・・・・・・・・・・・・・・・・・ 160
復水 ・・・・・・・・・・・・・・・・・・・・・・・・ 56
ブラックホール ・・・・・・・・・・・・・・・・ 86
プリズム ・・・・・・・・・・・・・・・・・ 76、108

浮力 ・・・・・・・・・・・・・・・・・・・・ 22、24
分子間力 ・・・・・・・・・・・・・・・・・ 28、34
分子磁石（原子磁石）・・・・・・・・・・・・ 132
放電 ・・・・・・・・・・・・・・・・・・・・・・・・ 68
飽和水蒸気量 ・・・・・・・・・・・・・・・・ 148
ホーマン軌道 ・・・・・・・・・・・・・・・・ 180

ま

マイクロ波 ・・・・・・・・・・・・・・・・・・ 186
マグヌス効果 ・・・・・・・・・・・・・・・・・ 36
摩擦 ・・・・・・・・・・・・・・・ 34、56、186
水の電気分解 ・・・・・・・・・・・・・・・・ 166

や・ら

融点 ・・・・・・・・・・・・・・・・・・・・・・・・ 56
揚力 ・・・・・・・・・・・・・・・・ 20、36、46
落体の法則 ・・・・・・・・・・・・・・・・・・・ 73
量子論・量子力学 ・・・・・・・・・・・・・・ 208

参考文献

『「相対性理論」を楽しむ本』佐藤勝彦監修（PHP研究所）
『13歳からの量子論のきほん（ニュートンムック）』（ニュートンプレス）
『オーロラ！』片岡龍峰（岩波書店）
『すごい！ 磁石』宝野和博・本丸諒（日本実業出版社）
『ダークマターと恐竜絶滅 新理論で宇宙の謎に迫る』リサ・ランドール（NHK出版）
『ビッグ・クエスチョン―〈人類の難問〉に答えよう』スティーヴン・ホーキング（NHK出版）
『ベースボールの物理学』ロバート・アデア（紀伊國屋書店）
『リチウムイオン電池が未来を拓く』吉野彰（シーエムシー出版）
『ロウソクの科学』ファラデー（角川書店）
『ロケットと宇宙開発（大人の科学マガジン別冊）』（学研プラス）
『宇宙はどこまで行けるか―ロケットエンジンの実力と未来』小泉宏之（中央公論新社）
『宇宙は何でできているのか』村山斉（幻冬舎）
『科学史年表』小山慶太（中央公論新社）
『確実に身につく基礎物理学』（SBクリエイティブ）
『学研パーフェクトコース中学理科』（学研プラス）
『基礎からベスト物理IB』（学研プラス）
『新しい気象学入門―明日の天気を知るために』飯田睦治郎（講談社）
『図解 眠れなくなるほど面白い 物理の話』長澤光晴（日本文芸社）
『物理質問箱―はて，なぜ，どうして？』都筑卓司・宮本正太郎・飯田睦治郎（講談社）
『面白くて眠れなくなる物理』左巻健男（PHP研究所）
『量子力学を見る―電子線ホログラフィーの挑戦』外村章（岩波書店）
『「量子論」を楽しむ本』佐藤勝彦監修（PHP研究所）

監修者 川村康文（かわむら やすふみ）

1959年、京都市生まれ。東京理科大学理学部物理学科教授。博士（エネルギー科学）。慣性力実験器Ⅱで全日本教職員発明展内閣総理大臣賞（1999年）、文部科学大臣表彰科学技術賞（理解増進部門、2008年）など、数多くの賞を受賞。『世界一わかりやすい物理学入門 これ1冊で完全マスター！』（講談社）、『理系脳が育つ！科学のなぜ？新事典』（受験研究社）など、著書・監修書多数。

執筆協力	上浪春海、入澤宣幸
イラスト	桔川 伸、北嶋京輔、栗生ゑゐこ
デザイン・DTP	佐々木容子（カラノキデザイン制作室）
校閲	西進社
編集協力	堀内直哉

イラスト＆図解 知識ゼロでも楽しく読める！
物理のしくみ

監修者	川村康文
発行者	若松和紀
発行所	株式会社 西東社 〒113-0034　東京都文京区湯島2-3-13 https://www.seitosha.co.jp/ 電話　03-5800-3120（代）

※本書に記載のない内容のご質問や著者等の連絡先につきましては、お答えできかねます。

落丁・乱丁本は、小社「営業」宛にご送付ください。送料小社負担にてお取り替えいたします。本書の内容の一部あるいは全部を無断で複製（コピー・データファイル化すること）、転載（ウェブサイト・ブログ等の電子メディアも含む）することは、法律で認められた場合を除き、著作者及び出版社の権利を侵害することになります。代行業者等の第三者に依頼して本書を電子データ化することも認められておりません。

ISBN 978-4-7916-2609-0